獣医師のための
イヌとネコの問題行動診療
入門マニュアル

An introductory manual for veterinarians on treating canine and feline behavioral problems

武内ゆかり／久世明香／藤井仁美／森　裕司

ファームプレス

はじめに

　わが国の獣医系大学に動物行動学を標榜する講座が初めて設置され実質的な活動がスタートしたのは，平成3年度（1991年）のことであった。著者の1人の森がケンブリッジ大学やカリフォルニア大学の獣医学部での講義を参考にしながら暗中模索で獣医動物行動学の講義をはじめてから約10年が過ぎたところである。この間に東京大学ばかりでなく，いくつかの大学で集中講義を行ってきたが，この分野に対する学生達の関心の高さに驚かされることも少なくない。授業内容は，当初は動物行動学の総論を中心とした基礎的な内容が中心であったが，最近では本書のもう1人の著者である武内が専門とする臨床的な色彩の濃い行動治療学の比重が次第に大きくなっている。

　国際的な視点に立つと，この十年余りの間に，獣医動物行動学は飛躍的な発展を遂げたといえよう。北米やフランスでは90年代の半ばより行動治療学の専門医認定制度が発足した。また1997年からは隔年で国際獣医動物行動学会が開催されるようになり，今夏にはバンクーバーで第3回の学会が開催された。重要な問題行動の一つである分離不安の治療補助薬として1999年の夏に認可された抗不安薬については，その治療試験が世界規模（北米，欧州，豪州および日本）で行われ，その過程で初めて各国の専門家の間で緊密な情報交換と議論が行われたのも特筆に値するできごとであった。

　わが国の獣医師の中にも欧米で研鑽を積んだパイオニア達が現れはじめた。こうした間に，武内は「伴侶動物の行動治療法の研究」のために米国に長期出張し，研究の傍らコーネル大学やカリフォルニア大学での行動クリニックにも積極的に参加して行動治療の実地研鑽を積む機会を得た。帰国後その経験を活かして大学の動物病院に行動クリニックを開設し，行動治療の現場において，状況に応じて飼い主に手わたすために種々のハンドアウト集を整理しはじめた。本書執筆のきっかけは，こうして私達の研究室で整理された資料が，行動治療に関心をもつ獣医師にも入手可能となり臨床の現場で活用されれば，また獣医学を志す学生の興味を喚起するための資料として使われれば，斯学の発展に多少なりとも貢献できるのではないかと考えたからである。

　本書の主要部分である第2章から第7章までの本文と参考資料は武内が執筆した。森は主にコラムとイラストそして全体の監修を担当した。書名のごとく本書はマニュアルとしての使用を想定しているため，難解な理論的説明や専門用語の使用は極力少なくし記載は簡明に徹したつもりである。また関連する情報で必要と思われるものについては適宜コラムを設けて説明した。本書が日々の診療に役立つことを願うのはもとよりであるが，現在では獣医動物行動学分野の専門書もかなり充実してきているので，興味深いこの分野の文献書籍を渉猟してみようという読者の動機づけの一つになれば，著者らにとってはまさに望外の幸いである。

平成13年秋
森 裕司

改訂に寄せて

　本書の前身である「臨床獣医師のためのイヌとネコの問題行動治療マニュアル」が出版されたのが平成13年（2001年）11月のことであり，すでに20年以上の月日が経つ。その経緯は，前述の森 裕司先生の「はじめに」の通りであるが，臨床も含め獣医動物行動学分野は，この20年の間に大きく変化した。獣医学教育の現場では，従来のカリキュラムが見直されて2013年に獣医学教育モデル・コア・カリキュラムが策定された際に，導入教育・基礎獣医学教育分野のなかに「動物行動学」が，また臨床獣医学教育分野に「臨床行動学」が採択されることとなった。すなわち，現在では獣医系大学すべてにおいて，これらの講義が必須科目となっているのである。

　近年では，インターネットの普及により多彩な情報を得ることが可能なうえ，この分野に関わる多くの素晴らしい洋書も出版されてきている。そうした状況のなかで著者のひとりであった武内は，モデル・コア・カリキュラムが策定された10年前には前書の役割はすでに果たされたものと考えていたため，出版社より大改訂の依頼を受けた際には驚いて最初は固辞したことを覚えている。それでも私が改訂を決意した理由は，関係者の熱意はもとより，若い獣医師の方々が臨床現場でイヌやネコの「問題行動」に対峙したときに手軽に参照するような日本語で書かれた書籍がみあたらないことにあった。そこで本書は，タイトルを「問題行動診療入門マニュアル」と変更し，この分野についてもう少し深く知りたいという獣医師の方々に向けて改訂することとした。

　本書の改訂にあたっては，ともに日本獣医動物行動学会（旧 研究会）における獣医行動診療科認定医である久世（荒田）明香先生と藤井仁美先生に参画していただいた。この場を借りて感謝の意を表したい。改訂の際には，できる限り最新の知見，診断名，考え方を採り入れることを目指したが，時間的な制約もあって決して十分とはいえない部分もある。ご容赦いただければ幸いである。前書の著者であった森 裕司先生（2014年に逝去）が書かれた文章は，現在の潮流にあわせて一部修正したものの本書にも再掲している。本書において新たに色づけしていただいた森先生のイラストとともにお楽しみいただきたい。

　前書が出版される直前に発足した日本獣医動物行動研究会が，来年より法人化するとともに学会へと発展することが決まっている。本書を読まれた若い獣医師が同志の輪に加わり，この分野の将来を担ってくれるようになることを期待したい。

2024年12月
武内 ゆかり

目　次

はじめに 2

第1章　獣医学における動物行動学 7

1 ヒトと動物の関係がもたらす明暗 8
2 動物行動学の成立過程 10
3 進化的・適応的観点から見た動物の行動 12
4 獣医動物行動学の目的と課題 13

Column 01　ヒトとイヌやネコの共生の歴史 15
Column 02　現代生活における動物の役割と行動学 16
Column 03　獣医動物行動学の成り立ち 17
Column 04　脳と行動の進化 18

第2章　問題行動の種類 19

1 問題行動とは 20
2 イヌでみられる主な問題行動 21
　　1）攻撃行動
　　2）恐怖/不安に関連する問題行動
　　3）その他の問題行動
3 ネコでみられる主な問題行動 23
　　1）攻撃行動
　　2）不適切な場所での排泄
　　3）恐怖/不安に関連する問題行動
　　4）その他の問題行動
4 獣医師が問題行動診療を行う際の注意点 24

Column 05　葛藤性攻撃行動とは？ 26
Column 06　怖がるのは問題行動？　異常な行動？ 27
Column 07　ネコにおける恐怖や不安に関連する問題行動 28
Column 08　ネコにおける常同障害 30
Column 09　ネコにおける高齢性認知機能不全の症状 31

第3章　行動診療のプロセス 33

1 行動治療の流れ 34
2 質問票による診察前調査の実施 35
　　1）質問票の内容
　　2）質問票を使用する診察の利点と欠点
3 診察 36
4 医学的検査 40
5 診断 40
6 治療方針の説明 40
7 フォローアップ 41

Column 10　バックグラウンドストレスとは？ 42
Column 11　問題行動診断アプローチの新たな潮流 43
Column 12　問題行動と医学的疾患 45

第4章 行動治療の基本的手法 ……… 47

1 行動修正法 ……… 48
　　刺激制御
　　洪水法
　　系統的脱感作
　　拮抗条件づけ
　　行動置換法，行動分化強化
　　罰，弱化

2 薬物療法 ……… 52
　　選択的セロトニン再取り込み阻害薬
　　三環系抗うつ薬
　　セロトニン$_{2A}$受容体拮抗・再取り込み阻害薬
　　アザピロン系薬
　　ベンゾジアゼピン系薬
　　GABA$_A$受容体部分作動薬
　　GABA誘導体
　　モノアミン酸化酵素β阻害薬
　　その他の薬物
　　サプリメントおよび合成フェロモン製剤

3 外科的療法 ……… 59
　　去勢手術
　　不妊手術
　　犬歯切断術
　　声帯除去術
　　前肢爪抜去術，前肢腱切断術

Column 13 行動治療に際して知っておくべき学習理論の基礎知識 ……… 61
Column 14 体罰の弊害 ……… 65
Column 15 動物行動学や臨床行動学を日々の診療に活用しよう ……… 66

第5章 イヌの問題行動 ……… 69

1 攻撃行動 ……… 70
　1) 自己主張性攻撃行動
　2) 恐怖性/防御性攻撃行動
　3) 縄張り性攻撃行動
　4) 所有性/資源防護性攻撃行動
　5) 同種間攻撃行動
　6) 捕食性行動
　7) 特発性攻撃行動

2 恐怖/不安に関する問題行動 ……… 86
　1) 分離不安
　2) 恐怖症

3 その他の問題行動 ……… 91
　1) 過剰発声（吠え）
　2) 不適切な場所での排泄
　3) 関心を求める行動
　4) 常同障害
　5) 高齢性認知機能不全

Column 16 行動修正法を助けるグッズ ……… 101

第6章 ネコの問題行動 ... 105

1 攻撃行動 ... 106
1) 自己主張性攻撃行動
2) 恐怖性／防御性攻撃行動
3) 遊び関連性攻撃行動
4) 縄張り性攻撃行動
5) 転嫁性攻撃行動
6) 愛撫誘発性攻撃行動
7) 同種間攻撃行動

2 不適切な場所での排泄 ... 120
1) 不適切な場所での排泄
2) マーキング行動

3 その他の問題行動 ... 125
1) 不適切な場所でのひっかき行動

Column 17 ネコにとって快適な環境のためのガイドラインにおける5つの柱 ... 127

第7章 問題行動の予防 ... 129

1 適切なコンパニオンアニマルの選択 ... 130
2 十分な社会化と馴化 ... 132
3 子イヌ教室・子ネコ教室への参加や個別相談の利用 ... 132
4 適切な飼育環境の提供 ... 132
5 飼い主とイヌの絆の構築 ... 133
6 飼い主の啓発 ... 133

Column 18 イヌの行動発達過程 ... 134
Column 19 初生期環境と行動発達 ... 136
Column 20 子イヌの社会化教室 ... 137

巻末資料 ... 139

資料1 ー診察前調査票（質問票）
　　イヌの飼い主への質問用紙 ... 140
　　ネコの飼い主への質問用紙 ... 149
資料2 ー基礎トレーニング（説明資料） ... 158

参考図書 ... 160
索引 ... 161

第1章
獣医学における動物行動学

第1章　獣医学における動物行動学

　すぐれた獣医師はまたすぐれた動物行動学者でもある。ものいわぬ動物の、わずかな表情や所作の変化をも見逃さない鋭い観察力によって疾病を見抜き診断を下す過程には、伝統的な動物行動学における解析手段と共通する点が少なくない。かつてダーウィンは、人間と動物における情緒的表出について進化論的立場から比較検討を試み動物行動学発展の礎ともいえる著作を記したが、それから一世紀半を経た今日、獣医学や畜産学など現代の応用動物科学分野において行動学的アプローチの重要性が見直されはじめている。なぜなら、動物行動の意味とメカニズムを正しく理解することは、生物科学における最も興味深いテーマのひとつであることはもとより、得られた知識を病態の把握といった獣医学領域における診断や治療に役立てたり、トレーニングの理論的根拠として利用したり、また種に特有の攻撃・逃避行動の前兆を察知することで事故を未然に回避したり、性行動や母性行動を熟知することで繁殖成績の向上を図るなどさまざまな応用的価値が期待されるからである。ここでは動物行動学が学問として成立するに至った歴史的過程を概観し、応用科学である獣医学の中で動物行動学が果たすべき役割について考えてみたい。

1　ヒトと動物の関係がもたらす明暗

　ヒトと動物の関わりの深さについての事例は、洋の東西を問わず随所にみることができる（ Column 01 参照）。イヌやネコ、ウマといったわれわれに身近な動物が登場する話は枚挙にいとまがない。コンパニオンアニマルの存在を示すおそらく最古の例として、約１万年以上も前のイスラエル地方の遺跡からヒトと子イヌが一緒に埋葬された跡が見つかっているが、そのヒトの手は慈しむように子イヌにあてがわれていたという。

　現代におけるわれわれの日常生活は、機械化・電子化が進んで便利になった分だけ、徐々に自然との距離が離れていくようで、風の匂いや木々のざわめきに季節のうつろいを感じるといった機会や余裕が少なくなりつつある。動物園にでも行かなければ野生動物を見かけることなどほとんどない現代にあって、いやこのような現代にあればこそ、日々の暮らしにおける動物の存在の重要性が改めて見直されているのであろう。身近なところでは、お年寄りや都会のひとり暮らしの人たちの多くが、コンパニオンアニマルとの触れあいを通じておおいに元気づけられている。また障害者の手足となってその生活を支える介助犬や、ポニーを使った乗馬によるリハビリテーションなどが紹介されることも少なくない（ Column 02 参照）。1995年春の「ヒトと動物の関係学会」の設立総会で夫のベンジャミン・ハート博士とともに、特別講演を行ったカルフォルニア大学のリネット・ハート博士によれば、動物に語りかけその温かさを手に触れる毎日を送ることで、実際に血圧をはじめとする自律神経が改善されるなど健康維持や病後の回復に好影響が認められるという。集中治療室におかれた水槽の熱帯魚をみているだけで、身体を動かすことすらできない患者の心がなごんだという調査結果も報告されている。

　このように動物は、ともすれば無味乾燥に陥りがちな現代生活に潤いとやすらぎを与えてくれるかけがえのない存在となり得るのである。家族がコンパニオアニマルを囲んで団ら

んする幸せな暮らしは，一般に思い描かれる理想的な家庭生活としてメディアにもしばしば登場する。しかしヒトと動物の共同生活がいつもうまくいくとは限らない。昔の米国を例にとると，毎年数百万頭ものイヌやネコが処分されており，その半数あまりは問題行動が原因で飼育を放棄された動物であったという。当時，問題行動の最も一般的な解決方法は，残念ながら安楽死であった。決して望ましい手段ではないし問題の根本的な解決になり得ない。ミネソタ大学のアンダーソン博士によれば，「仮に特定の疾患によって年に数百万頭もの動物が死亡したとすれば，社会的な大問題として政府も手をこまねくことなく対策に乗り出すであろう。まさに問題行動を原因としてそのような事態が起こっているのに，誰も本腰を入れようとはしてこなかった」のである。しかし近年の獣医動物行動学分野の進展を背景に，ようやく問題行動が治療の対象となり得ることが知られるようになり，社会的関心も徐々に高まりを見せている。

　ヒトが動物を飼いはじめる最大の動機は，いうまでもなく動物たちの行為に惹かれてである。一方，ヒトが動物との暮らしを放棄する最大の理由もまた，その行動が手に負えなくなったためであることが知られている。かわいがっていたペットに咬まれてしまったり，頻繁に吠えたり，留守中に家中が荒らされたり，といった問題行動は，当事者にとってみれば，ときには家庭生活の崩壊にもつながりかねない重大問題に発展し得るのである。

　問題行動には，仮に動物にとってはなんら問題のない正常な行動であっても，一緒に暮らしているわれわれ人間にとっては不都合となる行動が含まれており（第2章参照），問題行動の種類や程度によって，ときには動物との生活の中断を余儀なくされるほどの重大な支障を生じることさえある。もちろん問題行動の中には中枢神経系やその他の臓器に何らかの病変を伴うような異常行動が原因となっている場合もあるが，その頻度は一般的に低い。言い換えれば，問題行動はヒトにとって問題となる行動と考えられ，動物にとって本来は正常な行動と何らかの病変を伴う異常行動の2つの要素から構成されているわけである。例えばイヌが見知らぬ人を警戒して激しく吠えることや自分の食べ物を奪われまいとして攻撃的になることなどはイヌ科の動物にとってはごく正常な行動的反応であり，また雄ネコが尿を部屋のあちこちにスプレーするのも正常な匂いづけによるマーキング行動の一種である。もし攻撃行動や破壊行動といった問題行動の原因について何らかの理論的な説明が可能であれば，もしくは野生動物に参照すべき行動パターンがあるとすれば，これらの問題行動はいずれも正常な行動のカテゴリーに入れられるべきであろう。

　一方，本書の目的には直接関係はしないが，産業動物の行動学研究分野においては飼育環境に由来するストレスの影響がとくに注目されており，行動パターンの変化を指標とした応用行動学的研究が進められている。ストレスによる畜産物の減収という経済的影響もさることながら，近年では欧州を中心として，とくに動物福祉という観点からの検討が進められている。産業動物は，われわれに食料や労力を提供してくれる，人間社会になくてはならない存在であり，長い家畜化の歴史の中でヒトと産業動物の関係が築かれてきたが，近代になって他の産業の発展と歩調を合わせるように経済効率のみがいたずらに追及され，大規模で集約的な畜産経営が偏重されてきたきらいがある。その結果，家畜は畜産製品を生み出す機械のように取り扱われることになり，ヒトと動物の関わりは次第に希薄になっていった。このような状況に対する反省にたってストレス状態の客観的な評価系を確立し家畜の飼育環境を少しでも改善することを目的に，産業動物における応用行動学的研究が盛んになってきている。現在では産業動物のみならず，伴侶動物（コンパニオンアニマル）においても同様にストレスが心身に与える影響の研究が進められている。実際，欧州で行動学分野の先端をいく

英国では，ケンブリッジ大学獣医学部の例にみられるように，応用動物行動学と動物福祉学がセットで教育研究に組み込まれている。ここでも家畜のもつ本来の行動のレパートリーをつまびらかにし，正常な行動パターンを理解することが基盤となる。こうしたスタンスが，コンパニオンアニマルの行動について論ずる上でもおおいに役立つことはいうまでもない。現在では我が国においても動物行動学，臨床行動学および動物福祉学が獣医学教育モデル・コア・カリキュラムに採択され，すべての獣医大学において教育されている。

2 動物行動学の成立過程

Ethology（動物行動学；行動生物学あるいは比較行動学とも訳される）はギリシャ語でCharacterを意味するEthosが語源とされ，19世紀半ばに自然環境下における動物の特性を対象とする学問として成立したとされる。パブロフは，給餌のたびにベルの音を聞かせ続けたイヌがベルを聞いただけでよだれを流すようになる有名な条件反射の実験を行ったが，このパブロフ一派により体系化された条件づけの概念と，これに続くワトソンやスキナーなど行動主義学派による行動心理学の台頭により，条件反射が動物行動のすべてをことごとく説明できる唯一の要素であるという主張が一時期主流を占めたとされる。

これに対し，系統発生および個体発生の結果として行動を捉える立場を堅持しながら複雑なシステム全体を研究の対象とすべきであり，直感的知覚すなわち研ぎ澄まされた五感の重要性を再認識する必要があると指摘したのがローレンツとティンバーゲン，そしてフォン・フリッシュである。彼らはまた動物個体の主体性（動機づけレベル）という中間変数の重要性についても言及している。3人は1973年のノーベル賞（医学生理学）をともに受賞し，これを契機として彼らの思想そして動物行動学という研究分野が広く世間の注目を集めることとなった。ローレンツやティンバーゲンら動物行動学の始祖の残した最大の功績は，動物の行動が科学的分析の対象となり得ること，そして動物の行動様式も身体の構造や機能など他の形質と同様に自然淘汰による進化の産物であるという考えを定着させたことにある。これにより行動の機能を問題にする視点と方法が確立したといえよう。

それぞれの動物は種に特有の生得的行動パターンを有し，解発因子（releaser）とよばれる鍵刺激を受けると固定的動作パターンが発現することが，魚や鳥を中心とした動物種での自然条件あるいは実験条件下における詳細な行動観察から見事に示されたのである。彼らはまたEthologyが対象とすべき主要な研究領域として(1)行動のメカニズム（機構；のちに神経行動学へと発展），(2)行動の機能（適応；のちに社会生物学を生み出す），(3)発達（行動の個体発生），(4)進化（行動の系統発生），の4分野を提唱した。

初期の動物行動学においては，摂食行動や生殖行動といった遺伝子に組み込まれた生得的行動，いわゆる本能行動は，種を維持するために進化してきたと考えられていた。同種の動物たちは常に争っているが殺し合いに発展することはなく，この意味でヒトは例外的な動物であるとローレンツは主張し，ウィン・エドワーズは食物資源を食いつくして集団が絶滅しないように動物は資源の消費速度を調節しており，また過密化を防ぐため繁殖を制限しているのだと説いた。しかし1960年代になって，この考えに矛盾する事実が相次いで報告されはじめた。例えばインド大陸に生息するハヌマンラングール（ハヌマン神の化身と崇められるコロブス亜科のサル）の一夫多妻のハーレムで政権交代が起こりリーダーが交代すると，群れを乗っとった新リーダーは群れの雌が抱く乳飲み子を次々と殺害するという衝撃的な事実が京都大学の杉山幸丸らによって発見されたのである。授乳中の母親は吸乳刺激によって

卵巣機能が抑制されており，子を失うとすぐ発情して交尾可能となることから，フルディはこれを，平均在位期間が2～3年しかないボスザルが自分の子を残すために必要な適応的行為と評価した。現在では霊長類だけでなく，ネコ科，イヌ科，齧歯類など一夫多妻制の単雄群社会をもつ多くの動物種で同様な子殺しが知られている。かつて動物の行動は個体保存と種族保存のためにあり，前者は後者の必要条件であることから種族保存こそが究極の目的であろうと考えられていたのだが，この考え方ではもはやこれらの事実を説明することは困難である。

この予期せぬ発見によりもたらされた行動学分野の一時的な混迷を収拾したのが，社会生物学（行動生物学）の発展に端を発した適応度（fitness）の概念の確立と展開である。適応度とは，個体の次世代に対する遺伝的貢献（遺伝子の有利さの程度）の尺度であり，適応度＝産子数×生存率で求められる。動物は自分の適応度を高めるため，言い換えれば自分の遺伝子をもった子孫をできるだけ多く残すために努力しているのであり，種の存続を目的に行動しているのではないというのである。アリやハチなどの社会性昆虫でみられる利他的行動も，適応度に血縁度の要素を加味した包括適応度（inclusive fitness：個体が自らの繁殖能力を通じて達成する適応度だけではなく，近縁個体への援助を通じて達成する適応度の改善）という概念を導入し，経済学の理論を基盤とした数学モデルを用いることによってうまく説明される。例えば，"ミツバチはなぜ命を投げ出してまで巣の防衛のため侵入者にたちむかうのか"という問い掛けに対し，"自分たちが育ててきた姉妹（ミツバチの雄は単為発生をするため姉妹の血縁度0.75は親子の血縁度0.5より高い）の将来への存続と繁栄を通して自分たちの遺伝子の永続性を確保する手段を採択した"と答えるのである。ローレンツの主張した殺し合いの回避も，ライバルと徹底的に争って傷つき自らの適応度を下げることを避けているのだと解釈した方が，どうやらつじつまが合いそうである。こうした行動生態学の流れは，ハミルトンの血縁選択説，トリバースの互恵的利他主義，メイナードスミスの進化的安定戦略などを経て発展し，ウィルソンにより"社会生物学"の命名がなされ，さらにドーキンスにより社会的インパクトの強い"利己的遺伝子"という考え方が提唱されるに至って，「適応は種の維持に役立つ」というかつての信仰は否定された。種は自然選択の単位から引きずり下ろされ，遺伝子が多く生き残っていくためという新たな視点で動物行動が捉え直されるようになったのである。

一方，"行動の仕組みの研究"の延長上に位置する神経行動学は，ヘッブが今世紀半ばに行動の生理学的基盤としてのニューロモデルを提唱して以来，工学や情報処理科学など神経科学を支える周辺技術の著しい進歩とともにおおいなる成長を遂げた。ただし神経生物学者のシェパードの言葉を借りれば，どのような画期的な発見であっても「行動という尺度に照らすことなしには，神経生物学にとって何事も意味をもち得ない」のである。神経生物学の近年の発展は，動物の神経機能制御に関わる生理活性物質の同定を現実のものとし，行動のもたらされるメカニズムについて分子レベルでの解析を可能としつつある。神経科学領域で今一番求められているのは，中枢制御機能と動物の行動の関係を解明するための研究分野すなわち神経行動学であり，神経科学全体は，行動学的解析の進展がなければ足踏みせざるを得ない状況に追い込まれているといっても過言ではない。応用化学としての獣医学分野において動物行動学が担うべき重要な役割のひとつがここにある。

3 進化的・適応的観点から見た動物の行動

　先に述べたように，家畜化された動物種の行動を正しく理解し，何が正常で何が異常かを的確に把握するためには，先祖種や野生種の動物の行動様式や社会構造を知ることが大切である。例えば，単独行動で縄張りをもつネコ科の動物と，集団で生活し複合的社会構造をもつイヌ科の動物あるいはハーレムを形成するウマの仲間では，ヒトとの関わりを含めて基本的な行動様式はおのずから異なると思われるからである。イヌを番犬として利用するのは，縄張りを守り侵入者に対して敵対行動をとるだけでなく吠えて仲間に警告を発する性質を活用したものである。イヌにとって飼い主の一家は群れの仲間というわけである。一方，ネコはイヌとは全く違ったヒトへの接し方をし，その態度はわがままとも孤高とも評される。イヌ派とネコ派の分かれる由縁である。ネコはもともと穀物倉庫に出没するネズミを退治する目的で家畜化されたが，ネコにとってネズミ捕りは狩猟本能によるもので，必ずしも空腹である必要はない。このことを巧みに利用して餌づけをすることでネコとヒトとの共生関係が成立したと考えられている。

　イヌやネコでは遊びを誘う典型的な姿勢がよくみられる。遊びは一般に大脳の発達した成長の遅い種に認められるが，ヒトはその最たるものである。子イヌや子ネコのじゃれあう愛くるしい姿に微笑みを禁じ得ないことは多いが，ネズミやモグラの子供が遊ぶさまといってもあまりピンとこないであろう。遊びにはさまざまな行動の要素が含まれており，イヌやネコなどの肉食動物は仲間同士のじゃれあいを通じて狩猟や闘争あるいは性行動の基本動作を学び，ヤギやヒツジなどの草食動物の子が走りながらときおりみせるジャンプやサイドステップは捕食者に追われた際の逃避技術として重要な要素と考えられている。莫大なエネルギーを費する子供の遊びは，親からすれば与えるべき食物の量すなわち投資を増やすことになるが，遊びを通じて子供の将来の生存率が上がれば，これは前述した包括適応度を高めることになるため親にとっても損にはならない。家畜化は幼形成熟（neoteny）を伴うといわれており，コンパニオンアニマルとして改良が進んだ品種では成長しても遊びの要素が残っている。そしてこのことが問題行動につながることも稀ではないとされる。

　キツネなど野生動物の子別れの映像をテレビ番組でみる機会があるが，子別れの時期をめぐる親子の葛藤を適応度という観点から考えてみるといっそう興味深い。子が小さいときは親の少しの手助け（コスト）が子の生存にとって大きく貢献する（利益）が，子が大きくなるといつまでもスネカジリをするくせに少々の食物を分け与えても満足せず，子育てのコストが利益を上回るようになる。このため親は子がひとり立ちできる大きさに育つと，次の繁殖に備えて余力を残すため，できるだけ早く子の世話を打ち切ろうとする。親からみれば次に生む子も等しく大切だが，子にとってみれば兄弟の血縁度は0.5であり，包括適応度という考えからすれば親の兄弟に対する投資は自分に対しての半分の価値しかないことになる。コストと利益の比が逆転する時期すなわち育子を終了する適期は，親より子にとっての方がずっと遅くなるため葛藤が生じるという。

　こうした例からも明らかなように，動物行動の意味を探る上で，繁殖すなわち次世代への遺伝子情報の伝達という観点からの考察はとりわけ重要である。動物が自らの遺伝情報を次世代に継承し種として繁栄していくためには生殖行動が不可欠である。生殖行動といえば一般に，雄の配偶子である精子と雌の配偶子である卵子の出会いを作り出す性行動と，親が子供を自立できるまで育て上げる育子行動のことを指すが，こうした行動が正常に行えなければ，その動物は子孫を残すことができず，その原因となった遺伝的変異は排除されることになる。それゆえ生殖行動は厳しい淘汰圧にさらされながら，それぞれの動物種の生態学的あるいは社会的環

境に最も適応する形で進化してきたと推察される。例えば家畜として飼われていたヒツジの群れを原野に放すと，おそらく生殖行動が不適切な個体の血統がまっさきに淘汰されるため，最初のうちは群れの大きさが減少するものの，やがて徐々に回復してくるという。家畜には草食動物から肉食動物さらには雑食動物とさまざまな種類の動物が含まれているが，それぞれの家畜について行動様式を正しく理解しようと思えば，対象となる動物が現実に飼われている人為的な環境から自然条件下へと視野を広げて，彼らの先祖種が進化を遂げてきた生態的環境あるいは社会的環境に思いを馳せてみる必要があるであろう。進化的観点からみると，動物は自己の適応度を最大にするよう行動を進化させ，その一過程で他個体との社会関係が成立してきたと解釈することが可能である。多くの動物ではこれに加えて性選択（sexual selection）や血縁選択（kin selection）といった概念をあてはめることで行動や形質の進化をよりよく説明できることが知られている。例えば，雌イヌの中には偽妊娠に引き続いて母性行動まで示す個体がときおりあらわれるが，この奇妙な行動はイヌの先祖種とも考えられているオオカミの群れにおいて順位の低い雌が，自らは繁殖に参加しないものの偽妊娠となり最上位（α，alpha）雌の子育ての乳母として助ける習性の名残りであろうと推察されている。

　動物行動の多様性については，例えばイヌ（肉食動物）とウマ（草食動物）という身近な家畜の繁殖パターンを比べてみても明らかである。イヌは一度に数頭の子を出産する多胎動物であり，子イヌは生まれたときには目も見えず耳も聞こえず排泄すら自分ではできない非常に未熟な状態にある。母イヌは巣にとどまって熱心に子育てをするが容易に里子を受け入れて授乳をするなど母子の絆に関しては比較的ゆるやかである。一方，ウマは単胎動物であり，子ウマは生まれてまもなく自力で立ち上がり数時間後には母親のあとを追って草原を移動できるほど身体の諸機能が整った状態で誕生する。そして母ウマはイヌの場合とは異なり，わが子とのみ強い母子の絆を作り上げ，他の子ウマが近づいてきても授乳を拒否するばかりか追い払おうとさえする。イヌとウマでは性行動の様式も異なっており，両者の間に形態や生理機能だけでなく行動学的にも大きな差異のあることが窺い知れる。野生動物に目を転じてみれば生殖行動に関する種差はさらに明瞭であり，ゾウアザラシのように巨大な雄が多数の雌を囲い込む一夫多妻型の動物もいれば，ハダカデバネズミのように地下の巣穴の中で一妻多夫システムを作る動物もいて，さまざまな環境に対する適応の結果として，まさに多様性に富んだ世界が存在しているのである。

4　獣医動物行動学の目的と課題

　獣医動物行動学の目的は，まず獣医学が対象とするさまざまな動物種について，それぞれの種に特異的な行動様式（species specific behavior）を環境との関わりの中で研究し，行動の様式と発現機序を解明することにある。これにより高等動物における行動の多様性と統一性を理解すると同時に，病態の行動的解析により得られた知見と併せて，疾病の予防，診断，治療の改善に役立て獣医学の発展に寄与することを目指している（ Column 03 参照）。獣医動物行動学の基本的スタンスは比較行動学的アプローチであり，このため家畜における行動の発現機序を明らかにし実際面へ応用を目指す家畜行動学とオーバーラップする点も少なくない。これらの学問から期待される成果として，獣医学領域では診断・取り扱い技術の向上，あるいは行動と伝染病との関係といった公衆衛生学的知見の集積などへの貢献が，また畜産学領域では家畜管理システムの改善，繁殖技術の向上，育種方向の検討や家畜福祉などへの貢献が考えられる。

　獣医動物行動学が今後取り組んでいくべき重要な研究課題としては，まず動物機能の中

枢神経系を介した制御法の開発が挙げられる。すなわち神経行動学を基盤として摂食行動や生殖行動，コンパニオンアニマルであれば社会行動や情動反応の発現を司る中枢メカニズムを解明し，そこに関与する神経伝達物質や神経修飾物質，フェロモンや摂食調節物質などの同定とその応用を図ろうとするものである（Column 04 参照）。また行動異常を指標とする診断法を確立し病態行動学として発展させていくために，脳波やCT，MRIなどを活用した診断精度の向上や，免疫神経内分泌系と行動の関係などに関する理解を深めてきた結果として徐々にではあるが精神的要因も関連している疾患の存在が明らかになりつつあり，それらに対する治療法の中に行動学的治療を取り入れた包括的アプローチが推奨されることが増えてきている。

野生動物の保護も今後の獣医学が積極的に取り組むべき大切な分野のひとつである。地球規模での環境保全が随所で叫ばれるなか，ヒトと動物の調和のとれた社会を構築していくためには家畜やコンパニオンアニマルだけでなく野生動物についても配慮が必要であるが，その基礎となるべきこれらの動物の行動についての知識の集積はまだ十分ではない。人間の行動様式から発した擬人的解釈の横行は，真の動物福祉の思想の成立にとってはマイナスの要因にすらなっている。野生動物の保護管理のためには，自然条件下における行動特性の理解や動物間におけるケミカルコミュニケーションの解明などが重要課題として挙げられよう。

また動物福祉（animal welfare）の問題については，獣医学や畜産学など応用動物科学に携わるものにとって今後ますます重要となることが予測されている。1965年に英国会議に提出され家畜福祉推進運動の最初の指針となったBrambell報告（集約畜産下での家畜福祉に関する調査委員会報告）では，"家畜の生き方（行動パターン）に適した管理システムを考えることなしに真の生産性向上はあり得ない"ことが明言されたが，欧米では動物福祉の問題はすでに大きな社会問題にまで発展している。World Veterinary Association（WVA）の指針にも繰り返しうたわれているように，獣医師は動物行動学的な知識と技術を駆使してこの課題に取り組んでいくことを要請されており，ストレス状態に対する客観的評価法の確立といった科学的根拠をもつ新たな問題解決の切り口が必要となろう。また、コンパニオンアニマルに対しても獣医療を適切に提供するためには，動物福祉に十分配慮しなければならないが，そうした際にも動物行動学的な知識が助けとなることは間違いない。

獣医学における動物行動学は，行動発現の基盤である形態や機能を研究対象とする基礎獣医学，それらの病態を扱う臨床獣医学，行動のもたらされた原因と結果に関する応用獣医学など獣医学に内包されるおよそすべての領域と密接に関連する学際的な研究分野であり，上記のごとく多岐にわたる現実問題への取り組みを期待されている。今後我が国における獣医動物行動学の発展を支えていく3本の柱は，臨床獣医学（clinical veterinary medicine），動物行動学（ethology）そして神経科学（neuroscience）であり，これらの分野が重なり合いそして融合する領域にこそ新たな獣医動物行動学の展望が開かれるであろうと考えられる（図1-1）。動物行動の正常と異常を体系化しその発現機構を明らかにすることで，経験豊かな獣医師が動物を眺めただけで正確な診断をこともなげに下していく秘密を解き明かしていきたいというのも，斯学の船出に立ち会うことになった著者たちの夢のひとつである。

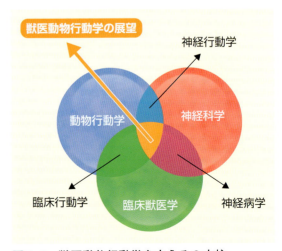

図1-1　獣医動物行動学を支える3本柱

Column 01　ヒトとイヌやネコの共生の歴史

　イヌやネコは自然に私たち人間と一緒に暮らすことができるが，異なる動物種がひとつの集団として生活できるのは実は驚くべきことである。そこには，ヒトとイヌやネコの共生過程が関係していると考えられる。

　イヌは最古の家畜であり，イスラエルのアインマラッハ遺跡で子イヌの骨が女性に抱かれるように埋葬されていたことから，ヒトとの共生は少なくとも12,000年前には始まっていたとされる。近年の遺伝子解析により，イヌは3万年以上前に東アジアで誕生したという説や，イヌの祖先はハイイロオオカミではなく，すでに絶滅した種がハイイロオオカミとイヌの共通祖先だったという説などが唱えられているが，いまだ結論は出ていない。いずれにしても旧石器時代にあたる時期，ヒトが定住せず狩猟採集生活をしていた頃に，警戒心の低い個体がヒトの残飯を食べるようになり，ヒトとともに移動し，徐々に共生が始まったと考えられている。本来危険視すべき異種動物をヒトもイヌもお互いに受け入れた，つまり両者の社会的寛容性が共生の鍵になったのだろう。その後，イヌは番犬として，狩猟の共同作業者として，また愛玩対象として重宝される中で，より特化した役割を求めて選抜繁殖が行われ，現在の300を超える品種が作出された。このようにしてイヌは身体的にも行動学的にも非常にバリエーションに富んだ動物種となったわけだが，イヌ全般に共通しオオカミと異なる点が数多く報告されている。脳や歯牙の縮小，その他の外見上の違いの他，ヒトの指さしを理解すること，意思表示のために視線を用いること，表情筋（特に眼の周囲の筋肉）に違いがあること，飼い主との間にオキシトシンを介した絆を形成することなどが示されている。同種間での協力行動や食物分配行動

はオオカミの方が優れているという興味深い研究結果もあり，これらこそイヌが"人類の最良の友"と呼ばれる所以なのだろう。

　一方，ネコはヒトが定住し農耕生活を開始した1万年前頃にヒトとの共生を開始したと考えられている。地中海のキプロス島で発見された墓（9,500年前）では，成人のすぐ近くでリビアヤマネコが埋葬されていたこと，イエネコは遺伝的にリビアヤマネコから分岐していることを根拠としている。同時期にヤギやヒツジ，ウシ，少し遅れてブタなどヒトの食料資源となる動物をヒトの管理下で飼育繁殖することが始まるが，それらとネコの家畜化の過程は大きく異なる。農耕生活では収穫した穀物などを備蓄する必要がある

が，収穫物に集まるネズミを狙って警戒心の低いネコがヒトの集落に近寄るようになり，食料が守られるためにヒトはネコが近づくことを許容した。すなわち相利共生が始まったと考えられている。その後，ネコは豊穣や多産の神として崇拝されたり，魔女の手先として大量虐殺されるなど，大きな変遷をたどるが，それでもなおネズミを駆除する特性が重宝され，船に乗せられ貿易の発展とともに全大陸に広まったのである。イヌと異なり積極的な選抜繁殖は少なく，珍しいあるいは特徴的な外見の個体を得ようと純血種が作出されているが，現代でも多くの猫は雑種である。キジトラのネコとリビアヤマネコは一見すると見間違えてしまうくらい似ており，繁殖がヒトの管理下にない野良猫も多くいることから，ネコは半家畜化動物と称されることもある。しかし，リビアヤマネコと比較し，イエネコでは顔の幼形化や脳容積の減少が見られること，集団生活が可能になっていること，ヒトが心地よく感じる声で鳴くといった違いや，イヌと同様に指さしを理解することなどが明らかとなっている。

　イヌとネコで，もともとの社会構造，家畜化の過程，品種作出に違いはあるものの，いずれも捕獲や囲い込みなど強制的な手段を使わずに，ヒトとの共生が始まったということが共通点ではないだろうか。現代では，イヌやネコの安全のため，室内で飼育したり，リードをつけて散歩に行くことが当然であり必要なことと考えられるが，最初の出会いを思い浮かべながら，共に暮らすとお互い安心だと思える関係性を今後も築いていきたいものである。

Column 02 | 現代生活における動物の役割と行動学

　雪が降ると，「イヌは喜び庭駆け回り，ネコはコタツで丸くなる」というのが，小学校唱歌にも読み込まれた，かつての日本の懐かしい情景のひとつであった。この歌詞からも窺えるように，一般庶民にとって，イヌは戸外で飼う動物であり，鎖でつないで飼われる時代の前には自由に往来を闊歩し複数の家からエサをもらって暮らしていたこともある。そのため，欧米の映画で目にするような行儀のよい動物達，例えば家族団らんの居間でソファーにゆったり寝そべって頭を撫でられていたり，街角のカフェで会話を楽しむ飼い主の足下で微動もせずに伏せをしているイヌの姿など，ひと昔前にはあまり実感のわかない光景であった。ロンドンの公園を優雅に散歩する人々の脇には，手入れの行き届いた立派なイヌがピッタリと寄り添って，イヌ同士すれ違っても素知らぬ顔である。それに比べて，われらが日本のイヌ達が散歩するともなると，飼い主をぐいぐい勝手な方向に引っ張っていったり，知らないイヌに出会おうものなら互いに敵対心むき出しで飛び掛かろうとしたり，飼い主は気が気でない。同じイヌなのに洋の東西でどうしてこうも違うのであろう，しつけが悪いのか，所詮は動物だから行儀よく振る舞えなどとイヌに期待するだけ無駄か，といった具合で，多少の問題行動には目をつぶって我慢することが多かったように思われる。

　しかし，日本人の生活が急速に近代化され，ライフスタイルも欧米先進国の影響を強く受けるようになるに従って，動物に対する見方も変わってきた。愛玩動物が伴侶動物とよばれるようになったのも，こうした流れのひとつの表現型といえよう。小型犬だけでなく，中大型犬も屋内を中心に飼育されることが多くなり，また集合住宅ではネコは室内飼育されるのが今やあたりまえとなった。その結果，ヒトと動物は必然的により密度の濃い時間をともに過ごすことになり，動物達の何気ない仕草に魅了されたり，肌の温もりに心癒されたりしながら，動物が今まで以上に欠くことのできない存在になってきた。そして，彼らが私達の生活にいかに潤いをもたらしてくれるか，ということに改めて気づく人の数は年々増加しているようである。

　動物との日常的な触れ合いを通じてストレス状態が緩和され，心身の健康が増進されることは，昔から気づかれてはいたことだが，ここ数年の間に，実証的なデータが数多く呈示されるようになった。その中には，動物がヒトとヒトとの関係において潤滑油的な役割を果たしている，といった予期せぬ効果まで含まれており，こうした研究の進展を背景にアニマルセラピーといった概念も社会的に定着してきたようである（この言葉が最近マスコミなどでかなり安易に使われはじめたことに危惧を抱いて，医療行為であるAnimal Assisted Therapyと訪問活動などのAnimal Assisted Activityを厳密に区別すべきではないか，といった議論も盛んである）。

　私達の祖先が，近縁の動物たちと袂を分かって現代人に至る道を歩みはじめたのは数十万年以上前のことといわれる。私達が共有する感情の機微や情動反応といった行動様式の基盤は，おそらく，この長い年月の間に培われ，幾多の試練に遭遇した先祖達がこれを乗り越えていく過程で，適応進化の結果としてゲノムに深く刻まれていった遺伝的情報ということができるであろう。こうしたタイムスパンからみると，現代社会の文明に囲まれた生活は，ほんの一瞬前に咲きはじめたアダ花のようなもの。すべてが便利で快適であるはずの現代社会が一方でストレス社会といわれるのは，あまりにも急激な環境変化に心身が不適応症候群を示しているためとも解釈できる。動物のさりげない所作をみているうちに心なごんだり，暖かい温もりに触れて心安らいだりするのも，忘れかけていた母なる自然への憧憬が，そうした感覚入力を介して私達の心の奥底から呼び覚まされるせいかもしれない。

　高齢化社会を迎え，また医療費が際限なく膨張して財政を圧迫しかねない状況の中で，こうした動物達の潜在能力に対する期待が膨らみつつある。ただ，動物達の素晴らしい効用は，あくまでも心身ともに健康な動物が世の中に提供されて初めて享受できるものである。獣医師は，その専門知識と技量をもって動物の健康の維持管理に貢献する責務を負っているわけだが，同時に動物に対する職業的専門家として，すなわち動物とヒトを結ぶインターフェイスとして，今後は動物の示す問題行動への対処を求められる機会がますます増えていくものと思われる。

Column 03　獣医動物行動学の成り立ち

　1997年4月に，英国バーミンガム市の議事堂で，第1回国際獣医動物行動学会（First international veterinary behavior meeting）が開催され，それまで欧米各国でそれぞれ独自の活動を展開していた専門家が初めて一堂に会した。

　欧米は動物行動学（Ethology）の発祥の地であり，コンラート・ローレンツ，ニコラス・ティンバーゲン，カール・フォン・フリッシュの3人の先達が，動物行動学の礎を築いた功績により1973年にノーベル賞を授与されて以来，その伝統は後進によく引き継がれ，とくに英国ではこれまで多くの優秀な動物行動学者を輩出してきた。これは家畜を対象とする応用動物行動学の興隆にもつながり，一方では動物福祉に関する社会的関心の高まりもあって，国際応用動物行動学会（International society for applied ethology）といった国際学会を組織する上でも英国の動物行動学者は中心的な役割を果たしてきた。こうした専門家の一部は，産業動物だけでなく，ペットにまで研究の対象を広げて，動物行動学の広範な知識を基盤に，獣医師からの問題行動に関する相談に適切なアドバイスを与えるようになり，ついには獣医師からの紹介を受けて飼育動物の問題行動を治療する専門職ができあがった。ヒトの医学領域でいえば心理学の専門家によるカウンセリングに相当する存在といえよう。これに対して米国では，行動診療学に関心をもつ獣医師が，大学病院の臨床行動科などに在籍して専門医を目指して研鑽を重ねている。こちらは精神科医あるいは心療内科医といったところであろうか。

　このように，例えば英国と米国を比べただけでも，獣医学分野における動物行動学への取り組み方には，少なからぬ差異がみられる。かつて欧米で動物行動学（Ethology）が花開きはじめた頃，米国では行動心理学が隆盛をきわめており，両社の動物行動学に対する基本的な考え方や研究スタンスの違いから，お互いの立場に一線を画するに至った。どうやら，そうした初期のボタンの掛け違いは今日の獣医動物行動学分野にまで尾を引いているようで，米国ではVeterinary ethologyという言葉がほとんど用いられず，Veterinary behaviorという表現が使われるのも，背景にはこうした歴史的な相克があるのかもしれない。これにフランス文化圏が加わると話はさらに複雑さを増していく。

　前述のバーミンガムにおける第1回国際獣医動物行動学会では，イヌの分離不安の定義を目的とした円卓会議が開かれたが2時間以上を費やして結局のところ結論は出ずじまい。ことに米国と欧州圏における斯学の成り立ちの相違を反映したと思われる研究者による考え方の違いを垣間見たような気がした。欧州を見習うべきなのか，はたまた米国を手本とすべきかは難しい選択であるが，両者のよいところを巧みに取り入れ，またそれぞれの社会における動物観の違いといった要素にも十分に配慮しながら，わが国における動物飼養の現状や変遷に即した柔軟な獣医動物行動学（臨床行動学）を発展させていくのが最良の道であろうことは確かである。

Column 04　脳と行動の進化

　かつてデカルトは動物を機械になぞらえたし，有名なパブロフ学派の中には条件反射の組み合わせで動物の行動すべてを説明しようとした研究者もいる。しかし一方でダーウィンはイヌをはじめとする高等哺乳類が人間と同様に情動をコミュニケーション手段として表出することを100年以上も前に看破している。喜怒哀楽といった感情の機微は，私達がいくら自分で制御しようとしても如何ともし難い，最も根源的な生理反応のひとつである。この感情あるいは情動体験の共有こそがコミュニケーションの基本といえるかもしれない。例えばイヌはヒトとのコミュニケーション能力に関しても驚くほど優れた一面をみせてくれるが，私達が彼らに心癒されるのはその能力に負うところが少なくない。

　ヒトと動物はどこまで一緒でどこが違うのか？　という問い掛けは，昔からおそらく数え切れないほど繰り返されてきたことであろう。正解はまだ誰も知らないのである。遺伝子や細胞のレベルではヒトとイヌやネコの間には差はほとんどみられない。では行動という尺度に照らした場合にはどうであろう。脳の中には，外界から受けたさまざまな刺激が自分にとって有益なものか有害なものかを判断する生物学的価値判断機構がある。この機構は情動反応と密接に関係していて，嫌悪刺激は恐怖や怒りといった不快な情動を引き起こし，反対に心地よい刺激は快情動をもたらし，そうした情動体験が，記憶されることで次の行動が修飾される。これは哺乳類に共通する行動原理であり，そうした機能に関わる脳の構造は，図1のようにウマ（本能を司る視床下部）に馬具（情動を司る辺縁系）を装着して乗馬する騎手（大脳新皮質）に例えることができるかもしれない。

図1　イヌとヒトの脳の違いは騎手の腕前の違い？

　ではイヌとヒトはどこが違うのか？　おそらく騎手の腕前（新皮質の機能）が少しばかり質的というより量的に違うのであろう。食物や配偶相手を求めたり敵から逃れようとするウマの本来の動きを自在にあやつれる馬術選手と，馬に揺られるがままのサルとの差ほどの違いではないかと著者は考えている（図2）。

図2　本能（生得的）行動の意識的な制御

　この差は果たして大きいといえるのであろうか？　ここで大切なことは気持ちを通いあわせるための主体は騎手ではなくて，（ヒトもイヌも共通な）ウマ・馬具の部分だということである。ヒトとヒトの間，あるいはヒトとイヌの間で交わされる言葉を越えたコミュニケーションは，生命活動の基盤ともいえる恒常性を司り基本的欲求を満たすための，行動の動機づけをコントロールする視床下部・辺縁系（脳の古い部分）を主軸として行われているはずだからである。

第2章
問題行動の種類

第2章　問題行動の種類

1　問題行動とは

　伴侶動物の問題行動は，従来欧米で「異常な行動，社会や飼い主にとって迷惑となる行動，または飼い主の資産や動物自身を傷つける行動」あるいは「飼い主の生活に支障をきたす行動」などと定義されてきた。いずれも飼い主によって問題であると認識された時点で"問題行動"となる。そのような意味で，問題行動とは「人間社会と協調できない行動」あるいは「人間（飼い主あるいは動物と関わる人たち）が問題と感じる行動」ということになろう。なお，従来の定義の中にある"異常な行動"とは，"正常な行動"の反対語であり，本来はみられないはずの生得的行動がみられたり，行動を構成する要素の連鎖が乱れていたり，本来はみられるはずの生得的行動の頻度や程度が平均的なものに比べて著しく逸脱しているような場合を指す。よって問題行動の範疇には，正常行動も異常行動も含まれることとなる。

　行動診療を依頼される獣医師は，基本的には飼い主が困っている問題行動に対応することになるが，動物と関わる専門家として果たしてそれだけでよいのであろうか。近年発展してきた動物福祉の国際的基準として広く浸透している考え方に「5つの自由（five freedoms）」というものがある。その内容は，①飢えと渇きからの自由（freedom from hunger and thirst），②不快からの自由（freedom from discomfort），③痛み・怪我・病気からの自由（freedom from pain, injury and disease），④恐怖や苦悩（精神的苦痛）からの自由（freedom from fear and distress），⑤正常な行動を表出する自由（freedom to express normal behavior）の5項目である。動物の福祉を向上させるために飼い主はすべての項目について配慮すべきであるが，④と⑤については，獣医動物行動学を修めた獣医師が積極的に介入すべき項目ではないだろうか。イヌやネコがペットではなく伴侶動物と呼ばれるようになって久しいが，本当の意味で，彼らを人間が撫でて楽しむ動物から人間と一緒に幸せに暮らす動物にしてあげることこそが，獣医動物行動学を修めた獣医師の重要な目標のひとつとなるのだろう。具体的には，飼い主が気づいていない分離不安や恐怖症，常同障害などについても，日々の診察中にその徴候に気づいたのであれば，行動学的な診療対象として対応することが望ましい。

　行動治療は本来動物のためのものであり，本質的には外科治療や内科治療と変わるところはない。動物の福祉向上を目指して動物の行動を修正することになる。しかし，一般治療と大きく異なる点がひとつだけある。問題行動症例の大半において獣医師は動物と対峙して治療を施すのではなく，飼い主の意識や行動を変革することを通じて動物の状況を改善させるのである。飼い主と深く関わり飼育の現状を客観的に理解していけば，実際には飼い主によって作り出された問題行動にも数多く遭遇することになるであろう。しかしながら，動物がその飼い主の保護下にある以上，彼らの幸福を考えるにはまず飼い主を満足させなければならない。これが，行動治療の中でコンサルテーションが重要視される理由である。

　獣医師にとって動物の幸福は常に優先させるべき課題であり，そのひとつが，動物の行動をあるがままに受け入れてやることであることも承知しておかねばならない（正常な行動を表出する自由）。一方で，動物の行動をそのまま受け入れることが飼い主の生活や精神状態を圧迫

するのであれば，動物に心地よい生活環境を提供するのは難しくなることもあろう。こうした場合には，動物がもつ本来の行動様式を変更することが，結果的に動物の福祉向上につながることも少なくない。飼い主に動物の行動特性を理解してもらい，学習理論にもとづいた行動変容によって，ヒトと動物が幸せに暮らせるよう手助けをするのが行動治療の基本方針である。

2　イヌでみられる主な問題行動（詳細は第5章を参照）

1）攻撃行動

- 自己主張性攻撃行動（self-assertive aggression）：自らの主張を通すために示す攻撃行動。攻撃行動によって相手が自分の思い通りに行動すると「正の強化」，また相手がひるむと「負の強化」が生じて攻撃行動が激化する。
- 恐怖性/防御性攻撃行動（fear/defensive aggression）：恐怖を感じたときに恐れや不安の行動学的・生理学的徴候を伴って生じる，自身を守るための攻撃行動。
- 葛藤性攻撃行動（conflict aggression）：主に社会関係において恐怖と欲求など相反する情動がイヌに同時に生じた葛藤状態の際に生じる攻撃行動。防御的および攻勢的なボディランゲージが混在して観察されるなどの特徴が存在する（Column 05 参照）。
- 遊び関連性攻撃行動（play-related aggression）：幼い時期によく認められる遊び行動がエスカレートして生じる，より深刻で情動的な攻撃行動。
- 縄張り性攻撃行動（territorial aggression）：庭，家の中，車など，自らの縄張りと認識している場所に近づいてくる，脅威や危害を与える意志のない個体に対して示す攻撃行動。
- 所有性/資源防護性攻撃行動（possessive/resource guarding aggression）：イヌ自身にとって価値があり大切と感じている資源（食器やおもちゃ，盗んだり自らみつけたもの，身近な人間や動物）を防護するために，脅威や危害を与える意志のない個体に対してみせる攻撃行動。なかでも食物に関連するものだけを防護する場合は，食物関連性攻撃行動（後述）として診断されることがある。
- 食物関連性攻撃行動（food-related aggression）：食物や食器など食物に関連するものを防護するために，脅威や危害を与える意志のない個体に対してみせる攻撃行動。
- 転嫁性攻撃行動（redirected aggression）：イヌが感じた攻撃的な情動を異なる攻撃対象に向けるときに生じる攻撃行動。その結果として，脅威や危害を与える意志のない無関係な個体が攻撃対象となる。
- 母性攻撃行動（maternal aggression）：母性によって生じる攻撃行動。基本的には母イヌが子イヌを守るために示す攻撃行動であるが，偽妊娠の個体で生じることもある。
- 疼痛性攻撃行動（pain-induced aggression）：痛みによって生じる防御的な攻撃行動。
- 同種間攻撃行動（intra-species aggression）：家庭内外において同種に対してみせる攻撃行動。本攻撃行動は対象による分類（動機づけによる分類ではない）であり，診断名として使用する際には，対象および動機づけを括弧内に記載すべきである（例：同種間攻撃行動（同居イヌ，恐怖性）など）。
- 捕食性行動（predatory behavior）：注視，流涎，忍び歩き，低い姿勢などに続いて生じる咬みつき行動。一般的な攻撃行動と異なり，イヌに情動的変化や威嚇（唸りや吠え）などは認められない。
  - ＊イヌにとっては正常な行動ではあるが，対象が小動物や子どもとなることもあり，また咬みつくという表現型が認められることから攻撃行動として配置した。

- ■特発性攻撃行動（idiopathic aggression）：予測不能で，医学的検査でも行動学的分析でも原因が認められない攻撃行動。

2）恐怖／不安に関連する問題行動（Column 06 参照）

- ■分離不安（separation anxiety）：飼い主不在時にのみ認められる過剰な吠えや遠吠え，破壊的活動，不適切な排泄といった行動学的不安徴候や，嘔吐，下痢，震え，舐性皮膚炎といった生理学的症状。
- ■恐怖（fear）：特定の対象（人間や特定の場所〈動物病院，トリミングショップ，イベント会場など〉や物〈旗やゴミ箱，スケートボードなど〉，音など）に対して生じる逃避・不安行動や震えなどの生理学的徴候。
- ■恐怖症（phobia）：特定の対象（雷や花火，場所など）に対して生じる過度で異常な恐怖反応。
- ■全般性不安障害（generalized anxiety）：明確なきっかけがないにもかかわらず不安徴候を示し，常にリラックスできず，普通の生活を送ることができない状態。こうしたイヌはちょっとした変化にも動揺し，小さな出来事に対しても過剰に反応し，その状態が長く持続する。
- ■外傷後ストレス障害（posttraumatic stress disorder）：非日常的な強いストレスを受けた後に生じる行動学的および生理学的恐怖反応。

3）その他の問題行動

- ■過剰発声（吠え）（excessive vocalization, excessive barking）：不必要に繰り返される吠え。情動や動機づけによって分類される。
- ■不適切な場所での排泄（inappropriate elimination）：飼い主が想定していない不適切な場所における排泄。
- ■マーキング行動（marking behavior）：排泄物（尿・糞）による匂いづけ行動。
- ■関心を求める行動（attention-seeking behavior）：飼い主の関心を得ようとする行動。実際には，軽くつつく，吠える，突進する，ものを盗む，食物をねだったり盗んだりしてクンクンと鳴く，人間に前肢をかける，歯を立てたり噛む，自身の体を舐めるといった行動がよくみられる。また，個体によっては，常同的な行動，幻覚的な行動，医学的疾患の徴候（跛行など）を示すこともある。
- ■常同障害（compulsive disorder）：尾追い，尾かじり，影追い，光追い，実際には存在しない蠅追い，空気噛み，過度の舐め行動など，異常な頻度や持続時間で繰り返し生じる強迫的もしくは幻覚的な行動。肢端や脇腹を舐め続けると舐性皮膚炎（肉芽腫）が生じる場合もある。
- ■過活動・多動障害（hyperactivity, hyperkinesis）：過剰な活動性，易興奮性や過剰反応性。真性多動障害の場合は環境刺激に正常に馴化できず，過度な活動性と反応性がみられるだけでなく，刺激のない環境でも落ち着いたり休んだりすることができない。
- ■異嗜（pica）：食物以外のものの摂食（食糞症も含まれる）。
- ■高齢性認知機能不全（geriatric cognitive dysfunction）：夜中に起きてしまう，宙をみつめる，家や庭で迷う，トイレのしつけを忘れるなど，加齢によって生じる認知障害。北米では，5症状（DISHA：見当識障害〈Disorientation〉の発症，人間あるいは他の動物との関わり合い〈Interactions〉の変化，睡眠〈Sleep〉と覚醒周期の変化，トイレのしつけ〈House training〉や以前に学習した行動を忘れる，活動性〈Activity〉の変化）に分類されている。近年では不安（Anxiety）症状の増悪も加えられている。

3　ネコでみられる主な問題行動（詳細は第6章を参照）

1）攻撃行動

- 自己主張性攻撃行動（self-assertive aggression）：自らの主張を通すために示す攻撃行動。攻撃行動によって相手が自分の思い通りに行動すると「正の強化」，また相手がひるむと「負の強化」が生じて攻撃行動が激化する。
- 恐怖性/防御性攻撃行動（fear/defensive aggression）：恐怖を感じたときに恐れや不安の行動学的・生理学的徴候を伴って生じる，自身を守るための攻撃行動。
- 遊び関連性攻撃行動（play-related aggression）：幼い時期によく認められる遊び行動がエスカレートして生じる，より深刻で情動的な攻撃行動。
- 縄張り性攻撃行動（territorial aggression）：庭，家の中，車など，自らの縄張りと認識している場所に近づいてくる，脅威や危害を与える意志のない個体に対して示す攻撃行動。
- 転嫁性攻撃行動（redirected aggression）：ネコが感じた攻撃的な情動を異なる攻撃対象に向けるときに生じる攻撃行動。その結果として，脅威や危害を与える意志のない無関係な個体が攻撃対象となる。
- 母性攻撃行動（maternal aggression）：母性によって生じる攻撃行動。基本的には母ネコが子ネコを守るために示す攻撃行動であるが，出産前に生じることもある。
- 疼痛性攻撃行動（pain-induced aggression）：痛みによって生じる防御的な攻撃行動。
- 愛撫誘発性攻撃行動（petting-induced aggression）：人間が撫でることによって誘発される攻撃行動。
- 同種間攻撃行動（intra-species aggression）：家庭内外において同種に対してみせる攻撃行動。本攻撃行動は対象による分類（動機づけによる分類ではない）であり，診断名として使用する際には，対象および動機づけを括弧内に記載すべきである（例：同種間攻撃行動（同居ネコ，縄張り性および恐怖性）など）。
- 捕食性行動（predatory behavior）：注視，流涎，忍び歩き，低い姿勢などに続いて生じる咬みつき行動。一般的な攻撃行動と異なり，ネコに情動的変化や威嚇などは認められない。
  ＊ネコにとっては正常な行動ではあるが，対象が小動物や子どもとなることもあり，また咬みつくという表現型が認められることから攻撃行動として配置した。
- 特発性攻撃行動（idiopathic aggression）：予測不能で，医学的検査でも行動学的分析でも原因が認められない攻撃行動。

2）不適切な場所での排泄

- 不適切な場所での排泄（inappropriate elimination）：飼い主が想定していない不適切な場所における排泄。
- マーキング行動（marking behavior）：排泄物（尿・糞）による匂いづけ行動。ネコの尿による匂いづけはスプレー行動（spraying），糞による匂いづけはミドニング（middening）ともよばれる。

3）恐怖/不安に関連する問題行動（ Column 06,07 参照）

- 恐怖（fear）：特定の対象（人間や特定の場所〈動物病院など〉や他種動物，音など）に対して生じる逃避・不安行動や震えなどの生理学的徴候。

- 恐怖症（phobia）：特定の対象（雷や花火，場所など）に対して生じる過度で異常な恐怖反応。
- 全般性不安障害（generalized anxiety）：明確なきっかけがないにもかかわらず，不安徴候を示し，常にリラックスできず，普通の生活を送ることができない状態。こうしたネコはちょっとした変化にも動揺し，小さな出来事に対しても過剰に反応し，その状態が長く持続する。
- 分離不安（separation anxiety）：飼い主不在時にのみ認められる過剰発声，不適切な排泄，過剰グルーミングや自傷行動，引きこもりや不活動といった行動学的不安徴候や，食欲不振といった生理学的症状。イヌと比較すると一般的ではないため，詳細は明らかになっていない。
- 外傷後ストレス障害（posttraumatic stress disorder）：非日常的な強いストレスを受けた後に生じる行動学的および生理学的恐怖反応。

4）その他の問題行動

- 不適切な場所でのひっかき行動（inappropriate scratching）：不適切な対象物へのひっかき行動。
- 過剰発声（excessive vocalization）：不必要に繰り返される発声。情動や動機づけによって分類される。
- 関心を求める行動（attention-seeking behavior）：飼い主の関心を得ようとする行動。実際には，人間に前肢をかける，物を引っかく，鳴くといった軽度の行動から，常同的な行動，幻覚的な行動，医学的疾患の徴候などが認められる。
- 常同障害（compulsive disorder）（Column 08 参照）：過度の舐め行動，反復性の発声，織物吸いなど，異常な頻度や持続時間で繰り返し生じる強迫的もしくは幻覚的な行動。自身を舐め続けると脱毛，舐性皮膚炎（肉芽腫）が生じる場合もある。ネコでは本カテゴリーの中に，心因性脱毛症（psychogenic alopecia），毛織物吸い行動（wool sucking），織物摂食行動（fabric eating）などが含まれる。
- 異嗜（pica）：食物以外のものの摂食（食糞症も含まれる）。
- 高齢性認知機能不全（geriatric cognitive dysfunction）：夜中に起きてしまう，宙をみつめる，家や庭で迷う，トイレのしつけを忘れるなど，加齢によって生じる認知障害。北米では，5症状（DISHA：見当識障害〈Disorientation〉の発症，人間あるいは他の動物との関わり合い〈Interactions〉の変化，睡眠〈Sleep〉と覚醒周期の変化，トイレのしつけ〈House training〉や以前に学習した行動を忘れる，活動性〈Activity〉の変化あるいは不活発化）に分類されている。近年では不安（Anxiety）症状の増悪も加えられている。

とくにネコの症状については Column 09 を参照していただきたい。

4 獣医師が問題行動診療を行う際の注意点

先に述べたように，問題行動の大半の症例において獣医師は動物と対峙して治療を施すのではなく，飼い主の意識や行動を変革することを通じて動物の状況を改善させねばならない。これはすなわち，治療の予後が飼い主の納得と応諾性（もしくは治そうとする意欲）に依存することを意味する。獣医師であれば日々の診療で感じているように，飼い主のパーソナリティは実に多種多様である。一般的な診療の場合は，飼い主が担うのは投薬，食事の変更，費用負担ぐらいであるため，往々にして動物に第一選択となる治療を施すことが可能である。しかしながら，行動治療において大きな部分を占める行動修正法を治療に適用する場

合には，すべての過程を飼い主が担わなければならなくなる。つまり，飼い主に十分な応諾性や実践力がない場合は，どんなに素晴らしい治療方法であっても，効果は全く期待できないのである。

　行動診療を試みようという獣医師にとって大切なことは，さまざまな治療方法を熟知していることだけではなく，飼い主のパーソナリティを十分に理解し，それに合わせてカウンセリングやコンサルテーションを実施するとともに，応諾性を的確に評価して相手が納得いくように治療方法を説明できることなのである。徒労に終わるかもしれないこの試みをイヌやネコのために行ってみようという獣医師だけが行動診療を手がけた方がよいであろう。

　以下に獣医師が問題行動の診療を実施していく上で覚悟せねばならない問題点を挙げてみよう。

　まず，行動診療は時間がかかる割に診療報酬が少ないことが挙げられる。米国に比べ，日本人にはカウンセリングやコンサルテーションに対価を支払うという意識が低い。つまり飼い主にとって自らのイヌやネコの問題に対して獣医師が相談に乗るのは至極当然のことであり，かかりつけ獣医師の仕事の一環と捉えられているために，ちょっとした相談に課金されるとは思っていないのが現実である。問題行動のカウンセリングやコンサルテーションには最低でも1時間が必要とされるが，日々の診療に追われている獣医師に果たしてそれだけの労力と時間を捻出できるかははなはだ疑問である。実際に問題行動診療を臨床にとり入れてこられた先生方の話によると，多くの場合，特定の時間を行動診療サービスに充てているようである。後ろに何人も並ばれた診察室では，落ち着いて飼い主から話を聞くことなどできないし，たとえ少額であっても課金することに対する理解を得られないからである。

　続いて大きな障害となることは，行動診療を臨床に取り入れることにより飼い主との信頼関係が悪化する可能性をはらんでいることである。獣医師が治療を施す際には，その予後が飼い主の心証を左右する。この飼い主の心証こそが獣医師の信頼へと繋がっていくものであり，獣医師にとって飼い主の信頼なくしては日々の診療を続けていくことは不可能であろう。獣医師が，正確な診断と治療によって絶大な信頼を勝ち得ていくことには間違いないであろうが，前述のように行動治療の予後は飼い主の能力に大きく左右されてしまう。いかに獣医師の腕がよくても，飼い主次第では問題行動が治らず悪化してしまうことすらあるのである。にもかかわらず，飼い主が自らの非を認めないばかりか，予後不良の責任を獣医師に負わせることも少なくない。こうして失われた信頼関係が，他の診療分野に影響することは容易に想像できよう。このような危険を回避するためには，正確な診断・治療能力だけではなく，高度なカウンセリング・コンサルテーション能力が要求されるのである。

　さらに問題となるのは，日本における臨床行動（行動診療）学の歴史が浅いために，複雑な症例に遭遇した際に相談したり，紹介先となる専門家が少ないことである。ただし行動診療を専門に実施している獣医師は徐々に増えてきており，専門家を中心として日本獣医動物行動研究会（https://vbm.jp）が組織され発展してきた。現在では日本獣医動物行動学会が行動診療科認定医を輩出しているので，行動診療で困った際には相談されたい。

　一方で，行動診療を通して飼い主と動物または獣医師との良い関係性が構築されたり，飼い主が動物の行動に意識を向けることで，医学的疾患の早期発見や相談につながることもあるため，行動診療のメリットも少なくはない。

　臨床獣医師が問題行動診療を行う際の注意点として随分と否定的なことも挙げてしまったが，それでもなお，数々のハードルを乗り越えて行動診療のサービスを実施しようという獣医師が着実に増えていくことを願ってやまない。

Column 05　葛藤性攻撃行動とは？

　かつては「支配性攻撃行動」や「優位性攻撃行動」などという診断名がよく使われていたが，果たして家庭犬がヒトに対して序列をつけて，「支配したい」「優位に立ちたい」と考えて生活しているのか？　など立証できない不明な点が多々あることや，「真に優位なイヌ」は自信があり落ち着いている傾向にあり，むやみに攻撃行動を起こして優位性を示そうなどとしないのでは？　という考え方もあるため，近年ではこれらの診断名は使われなくなってきている。その代わり，似たような状況で起こる攻撃行動に対しては，前述のようなボディランゲージや行動観察による評価や，行動学や脳科学の発達とともに明らかになってきた動物の情動や動機づけによる分類にもとづいて診断名をつけるようになってきており，本文に書かれている「恐怖性/防御性攻撃行動」，「自己主張性攻撃行動」，そして本コラムにある「葛藤性攻撃行動」などという診断が下されることが多くなってきている。

　葛藤性攻撃行動は主に社会関係において欲求と恐怖（desire and fear）など相反する情動がイヌに同時に生じた葛藤状態の際に生じる攻撃行動であり，攻勢的および防御的な両方のボディランゲージや行動が混在して観察されるなどの特徴がある。

　よく認められる状況としては，イヌの意に反して身体の一部を触られたり手入れや道具の装着をされそうになった場合などがある。この攻撃行動を示すイヌでは，自分の欲求を叶えたいという気持ちを感じつつ，同時に恐怖の気持ちも混在しているため，それらの葛藤を解決するために攻撃行動が生じるとされている。このような状況における攻撃行動はイヌが葛藤状態のとき以外にも生じる場合があるため，鑑別するためには攻撃行動が起きるときの状況とともに，そのときのイヌのボディランゲージや実際の行動をしっかり観察して診断すべきである。

　葛藤性攻撃行動は相手に対する攻撃行動を示すものの，自己主張性攻撃行動のように完全に相手に危害を加える意志をもって前のめりに攻撃を示すわけでもないし，恐怖性/防御性攻撃行動のように完全に恐怖を感じているようなボディランゲージを示しながら追い詰められたときの最終手段として相手を攻撃するわけでもないため，攻撃される側も混在するボディランゲージや行動に困惑し，「なぜ咬まれてしまったのかわからない」といった表現をされることが特徴的である。また，「尾を振りながら喜んで近くに寄ってきたのに，いざ撫でようとしたら咬まれた」などと伝える飼い主も少なくない。これについては，「飼い主のそばにいたい」という欲求と「手で身体を触られることから自分を守りたい」という恐怖と相反する情動や動機づけが同時に生じた結果として生まれる葛藤から，攻撃行動が発現する場合もあると解釈されよう。

　葛藤性攻撃行動の治療は，行動療法としてまずは刺激制御や環境整備（主に安全管理を目的とする）などを実施して，2つの相反する情動や動機づけが生じないようにしつつ，飼い主がイヌのボディランゲージを正確に読み取る技術を身につけて観察しながらイヌに接するといった初期対応からスタートさせる。それらを実践し続けることでイヌが葛藤を感じる機会が減少し，飼い主がイヌに対して適切に対応できるようになった時点で次のステップとして行動修正法に進む。すなわち，イヌに葛藤を生じさせていた刺激や状況に対して系統的脱感作を施しながら，そのような刺激や状況においても混乱することなく統一された動機づけをもって行動できるようになるための行動修正法を進めるのである。具体的には，イヌが動揺することなく落ち着いて冷静に相手の指示を許容したり受け入れられるようになること（オスワリ，マテ）や，価値ある必要物資を納得して相手に譲ること（チョウダイ，ドウゾ），対立を避けて自らの意志でその場から撤退すること（ハウス，マット）などといった代替行動を学習させ分化強化しつつ，攻撃が発現する刺激を最小限にとどめた状態でその代替行動ができるようにしていく。そして，刺激の強度や程度を徐々に上げていっても代替行動ができるようにすることで改善を目指す。

　また葛藤を感じやすいイヌに対して選択的セロトニン再取り込み阻害薬（SSRI）の投薬などで脳内のセロトニンレベルを調整することで，衝動性や攻撃性を軽減できたという報告もある。刺激制御や環境整備がうまくできない，イヌの気質的に行動修正法の実施や学習が難航するなどといった場合には，薬物療法を補助的に組み合わせて行動療法を実施することもある。

Column 06　怖がるのは問題行動？　異常な行動？

　誰しも何かを怖いと思ったり，不安を感じたことはあるだろう。専門的には恐怖と不安は明確に区別され，できればどちらも感じたくない不快な情動ではあるが，これらがあるからこそヒトを含めた動物は危険な刺激を回避したり，危険な状態に備え自身を守ることができるわけであり，生きていく上で必須となる適応的な反応である。

　では，イヌが留守番中に不安になる，ネコが動物病院や診察を怖がることは問題行動なのだろうか？答えは，Yesだろう。まず定義にもとづいて考えると，不安や恐怖によって生じる行動（留守番中に吠える，診察の際に恐怖性攻撃行動を示すなど）が飼い主や周囲の人にとって問題となれば，問題行動となる。また，留守番や動物病院を一生避けることができれば問題とはならないが，それは現実的ではない，あるいは動物の適切な健康管理にそぐわないため，生活していく上で度々動物に不快刺激を与えることになってしまう。そのため，たとえ飼い主や周囲の人が困っていなくても（留守番中に吠えや破壊行動，不適切な場所での排泄などめだった行動がない場合や，診察時に攻撃せずフリージングする場合など），動物が不快に感じているのであれば，動物福祉の観点からできるだけ解決すべき状態といえる。

　解決にあたっては，恐怖や不安をもたらす刺激や状況，そして反応の程度が重要となる。現状において，恐怖や不安に関連する用語は，以下のように使用されている。

用語	説明
不安反応 anxious response	危険や脅威を予期して生じる反応。何が起こるか分からない状況や通常と異なる状況も不安反応をもたらす。 例えば，過覚醒，反応性の増加，運動の増加，筋緊張，震え，流涎，吠えなどがみられる。分離不安のように状況が特定される場合もあれば，されない場合もある。強い不安を示す状況が多岐に渡り，慢性的な不安となる場合は，全般性不安障害と呼ばれる。
恐怖反応 fear response	特定の刺激が脅威となり，生理学的・情動的・行動学的な反応が生じる。例えば，頻脈，呼吸促迫，高血圧，瞳孔散大が見られ，尾を下げ低い姿勢を取り，耳を後方に引き，ウロウロしたり，吠えたり，逃げようとあるいは隠れようとしたり，攻撃的になる。恐怖刺激を繰り返し経験することで馴化が生じる場合もあれば，感作が生じて恐怖症に発展することもある。また，強い恐怖体験の後，それが予期される状況では不安反応が生じるようになる。
恐怖症 phobia	非常に強く，持続時間が長く，対象となる刺激が存在しない状況でも反応がみられるなど，その状況や刺激に対して過剰な恐怖反応を示すこと。動物の生活の質（QOL）を低下させるため，適応的ではなく，異常な行動に分類される。また，動物が負傷する可能性があるほどの強い逃避行動はパニックと呼ばれる。
感受性 sensitivity	文献により定義が異なる。音に対する恐怖（fear）と音恐怖症（phobia）をまとめてnoise sensitivityとする使い方が多いが，弱い恐怖反応のみを指す場合もある。

　前述の通り，恐怖反応や不安反応を示すこと自体は動物として正常であるが，問題行動として表面化している場合には，繰り返し刺激を呈示しても馴化できていないということになる。馴化や脱感作に適した刺激呈示が行われていない可能性もあれば，遺伝的傾向や社会化期の馴化・社会化不足，トラウマとなるような強い恐怖体験が影響していたり，慢性ストレスによる馴化障害が起きているケースもあるだろう。社会化期の馴化・社会化不足や誤った刺激暴露によるトラウマ経験，慢性ストレスを抱える動物は少なくないと思われる。行動診療においては，計画的な行動修正が適切に実行できるよう，飼い主への丁寧な説明とフォローアップに加え，動物のニーズを満たす環境の提供や，動物の反応の程度や刺激の調整のしやすさに合わせた薬物療法の併用が重要になるだろう。

Column 07　ネコにおける恐怖や不安に関連する問題行動

　ネコもイヌと同様に恐怖や不安を感じる。もともとネコは祖先が単独行動をする習性をもっており，イヌと比較すると社会性をもつことは必ずしも必要ではない動物であるため，自分の身は自分で守るという気質が強い傾向にある。そのためネコは警戒心が強く恐怖や不安を感じやすく恐怖や不安に関連する問題行動も多いと思われるが，実際は飼い主がそれらを問題視することはイヌほど多くはないようである。これはネコが恐怖や不安の誘発刺激を認知したときの反応や行動が，イヌと比較するとわかりにくい，あるいは飼い主があまり困らないことにも起因しているのであろう。イヌでよくみられる過剰なパンティングや震えは，ネコでは目視しにくく，目視したとしてもさほど問題視されない。過剰な発声をするネコもいるもののその声はイヌほど大きくて耳障りではないため「いつもより鳴いているわね」などと受け止められて終わってしまう。破壊行動などもイヌほど目立つことが少ない。ネコの場合は恐怖や不安を感じると，じっとして動かない，どこかに隠れてしまい出てこないなどの逃走や回避の行動をとることが多いが，これらも「おとなしくしている」「逃げてしまった」などととらえられて問題視されないことが多い。

　一方，例えば通院時などに，隠れている場所から無理矢理出そうとしたり逃げるネコを追い詰めるような対応をすると，ネコにさらなるストレスをかけてしまったり，恐怖性攻撃行動や転嫁性攻撃行動を誘発してしまうこともある。また，このような逃走行動や回避行動をしているネコは強いストレスを感じているため，それが一因となって食欲不振，胃腸障害，頻尿や血尿，便秘などの身体的徴候が生じたり，過度のグルーミング，自傷，異嗜などという問題行動に発展することもある。

恐怖や不安を感じる対象や状況には以下のようなものがある。
- 一緒に暮らす家族や来客など家の中にいる（または来る）人間
- 同居するネコやイヌなどの動物
- 家の内外の音（掃除機などの電化製品の音，物を落としたときの音，家族により生じる大声・生活音・足音，屋外の車や工事の音など）
- 動物病院などのような見知らぬ場所（そこにいる人間や動物，音や匂いなども含む）

　ネコの恐怖や不安に関連した反応や行動にいちはやく気づき，以下のように適切に対応することは，ネコの福祉や健康のために非常に重要である。

　治療としてまず大切なのはネコにとって快適な環境づくりである。「ネコにとって快適な環境のための5つの柱」（Column 17 参照）に則って，ネコが生活の中でなるべく恐怖や不安を感じることなく快適に生活できるよう工夫する。ネコが避難したり隠れたりできる場所があるのならばそこを安全かつ快適にする。恐怖を感じて家から逃げてしまわないように脱走防止対策もしておく。

　イヌの恐怖症と同じように，恐怖刺激への暴露を繰り返すとますます恐怖反応が増強する（感作が生じる）ため，恐怖刺激を特定し制御や回避をすることも必要である。ネコが恐怖から逃れるために隠れている場合には，そこから無理やり引き出そうとするなどの強制的な対応や，隠れているネコを叱責する，または体罰を与えるなどの不適切な罰は一切禁止である。

　場合によっては恐怖刺激に対する系統的脱感作や拮抗条件づけといった行動修正法が有効なこともあるものの，ネコの場合はイヌ以上に情動の変化をしっかりと把握しながら慎重に進めるべきである。例えば動物病院において恐怖を感じているネコにおいしいおやつなどの快刺激を与える試みは，恐怖が強すぎておやつを食べないため拮抗条件づけにならなかったり，たとえ食べたとしてもおやつへの欲求と置かれている状況への恐怖が同時に生じた葛藤状態を生み出してしまい，かえってネコを興奮させたり精神的に不安定にさせることがあるため注意が必要である。恐怖を感じているネコに無理強いするのは禁物であり，行動修正法を実施する際にも常にネコの意志や行動選択を優先することを意識する。

　ネコの通院ストレスを軽減するために，自宅でキャリーに自ら入る・ネコが入ったキャリーをもって移動する・エリザベスカラーなどを装着する・処置を想定したハンドリングに慣らすなどトレーニングを実施する方法もあるが，これらもネコの反応をよく観察しながら慎重に進めるべきであろう。

薬物療法としては，抗不安薬（セロトニン調節薬，GABA誘導体薬，セロトニン$_{2A}$受容体拮抗・再取り込み阻害薬〈SARI〉，ベンゾジアゼピン系薬物など，第4章 2 薬物療法参照）を処方することがある。ただし，現時点ではどのような薬物であっても適用外使用となるため，飼い主に同意を得る必要がある。セロトニン調節薬としてはクロミプラミンやフルオキセチンなどがある。強い恐怖対象に暴露される可能性がある場合や，ネコがパニック様の症状を呈する場合などは，GABA誘導体であるガバペンチンやプレガバリン，SARIであるトラゾドンなどを事前に投与することがある。ベンゾジアゼピン系の薬物はネコの肝障害などの報告や逆説的に攻撃行動を引き起こす可能性もあるので投与は慎重に行う。

　近年では動物病院への移動や医療行為などへの恐怖やストレスを緩和する目的として，ガバペンチン，プレガバリン，トラゾドンなど（第4章 2 薬物療法参照）を通院当日に自宅で投与し，ネコがリラックスしたことを確認した上で移動を開始する方法も提案されている。また来院時にあまりにも恐怖反応が強い場合は，感作や恐怖記憶による問題悪化を生じさせないために，無理な医療行為をせずにその日は帰宅させ診療日を改めるか，または鎮静薬や麻酔薬の投与をすべきという意見もある。

　薬物以外では，抗不安作用のあるサプリメント，療法食，フェロモン製剤を使用するのも一案である。とくにフェロモン製剤は通院ストレス軽減のためにキャリーを覆うタオルにスプレーしたり，動物病院の診察室や入院室に拡散させたりすることができ，投薬が困難なネコにとっては使いやすい製品であろう。もちろん薬物ほど明らかな効果は認められない可能性があることも理解しておくべきである。

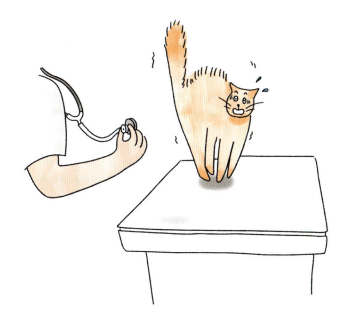

Column 08　ネコにおける常同障害

　ネコの常同障害（compulsive disorder）では，過度の舐め行動，反復性の発声，織物吸いなど，異常な頻度や持続時間で繰り返し生じる強迫的もしくは幻覚的な行動が認められる。自身を舐め続けると脱毛，舐性皮膚炎（肉芽腫）が生じる場合もある。ネコでは本カテゴリーの中に，心因性脱毛症（psychogenic alopecia），毛織物吸い行動（wool sucking），織物摂食行動（fabric eating）などが含まれる。

　ネコの常同障害はイヌの場合と同様に医学的疾患や関心を求める行動，一時的で正常な機能をもつ転位行動などとの類症鑑別をして診断する。

　治療としてはイヌと同様に，口に入れて破壊したり飲み込んでしまうものなどをネコが生活する環境から徹底的に排除する安全管理，きっかけとなる刺激や状況の回避，体罰や叱責といった罰の中止などを進める必要がある。イヌで実施する「飼い主との信頼関係の再構築のための基礎トレーニング」はネコの場合はイヌほど容易でないことから，ネコの環境を快適に保つための5つの柱（Column 17 参照）に則った環境整備を中心にすることが多い。また場合によっては問題行動のきっかけとなる刺激に対する系統的脱感作や拮抗条件づけといった行動修正法が効果を奏することもある。

　薬物療法としては選択的セロトニン再取り込み阻害薬（SSRI）や三環系抗うつ薬（TCA）（第4章2薬物療法参照）を処方することが多い。ただし，現時点ではどのような薬物であっても適用外使用となるため，飼い主に同意を得る必要がある。それ以外では抗不安作用のあるサプリメントや療法食，フェロモン製剤を使用してみるのもよいが，常同障害の場合にはあまり効果はないかもしれない。

Column 09　ネコにおける高齢性認知機能不全の症状

　ネコにおける高齢性認知機能不全の行動変化や症状にはさまざまなものがありひとつとはかぎらない。イヌと異なりネコの場合は鳴く行動の増加と不適切な場所での排泄が多くみられるという報告がある。とくに鳴く行動の増加は高齢のネコに特徴的な症状である。そもそもネコでは鳴く行動が少なく，イヌのように問題とされることは多くないが，あまり鳴かなかったネコが高齢になって頻繁に鳴くようになったという例が認められるためだろうと推察される。

　ネコにおける高齢性認知機能不全における行動変化や症状をカテゴリー別に分類したものを以下の表に示す。これらの症状については，各カテゴリーの英語の頭文字をとって「VISHDAAL」とよばれている。これらの行動変化は正常な高齢化の過程でも生じる。しかし各々の変化や症状の頻度や程度が高い，急激に症状が悪化する，さまざまな行動変化や症状が早く増えていくなどの場合は，医学的疾患が関連しているか，高齢性認知機能不全が深刻化しているのかもしれないと考えるべきであろう。

表　VISHDAALの代表的な症状

Vocalizations 鳴き行動の増加	Disorientation 見当識障害
とくに夜鳴きが増える 昼夜問わずよく鳴くようになることもある わけがわからず混乱したように鳴く 飼い主の関心や愛情を求めて鳴くことが多くなる 最近の調査で鳴く理由を詳細に分析したところ以下のようなものが含まれていた ・関心を求めるため ・混乱や不安 ・必要物資（食事など）を探すため ・痛み ・全く理由がわからない	部屋の隅や家具の裏などに入りこんでしまう ぼーっと一点を見つめる 食器などを移動してももともとあった場所でずっと待っている

	Activity changes 活動性の変化
	家のどこかに引きこもってしまう うろうろと徘徊する しつこくグルーミングをする グルーミングしなくなる フードに興味を示さなくなる 食欲が低下する

Interactions changes 社会的交流の変化	Anxiety 不安
飼い主と交流しなくなる 攻撃性が高まる 飼い主にやたらと甘えるようになる （今までそっけなかったのに）	今まで大丈夫だった状況などを怖がるようになる 刺激に対して過敏に反応する 飼い主がそばにいないと呼ぶように鳴く 飼い主の後をついてまわる

Sleep-wake cycle changes 睡眠サイクルの変化	Learning and memory 学習能力と記憶力の低下
夜中に起きていることが多くなる 夜中に頻繁に起きる 今まで以上に昼間に寝ている	トイレなど覚えていたはずのネコグッズの場所を忘れてしまう 食事を食べたことを忘れておねだりを繰り返す

House soiling 不適切な場所での排泄	
トイレでない場所で排泄してしまう トイレからはみ出た姿勢で排泄してしまう トイレの場所までたどりつけない	

第3章
行動診療のプロセス

第3章 行動診療のプロセス

1 行動診療の流れ

　問題行動の診療プロセス（図3-1）を簡単にまとめると，まず動物の問題行動で困っている飼い主から連絡が入った時点で獣医師が重篤度および緊急度を判断し，対応が必要であると認めた場合は診察予約を入れるとともに，動物に関する全般的な情報と問題行動の概要をあらかじめ知るための診察前調査票（**質問票**：巻末資料参照）を飼い主に送付する。担当獣医師は診察日以前に飼い主によって記入された質問票をもとに鑑別診断を挙げ診察計画を立てておく。診察には，飼い主と動物だけではなく可能であれば問題に関わる飼い主の家族などにも参加してもらうべきである。診察は，まず飼い主に問題行動の概要を説明してもらうところから始める。続いてあらかじめ記入してもらった質問票をもとに問題行動の背景となる情報（これまでの病歴や現在の健康状態なども含む）を入手する。診察中，担当獣医師は，動物の様子とともに飼い主と動物の関係を注意深く観察しなくてはならない。同時に，飼い主の応諾性や行動治療実施能力についても正当に評価しておくべきである。また，診察時には必要に応じて医学的検査を実施する。

　これまでに得たすべての情報を多角的に検討した上で，担当獣医師は最終的な診断を下すことになる。その後，飼い主の能力に合わせた治療計画が説明されることとなる。診察の最後には，飼い主からの質問に答えるとともに，必要に応じて飼い主が実施すべき内容を記した説明書を渡すとよい。

　診察以降はフォローアップとして，電話，電子メール，オンラインテレビ電話，チャットツールなどを利用して飼い主からの質問に答えるとともに，治療の進捗状況を実際の動物の様子や動画，日課表などをみて判断しながら治療内容の変更や追加をしていくことになる。このように基本的なプロセスは他の診療分野と同じであるが，問題行動の診療においてはこのフォローアップにも重点が置かれる。獣医師による一度だけの説明では十分に理解できない飼い主もいるであろうし，診察中には理解できてもいざ実施する段階になるとさまざまな疑問が生じる場合も少なくないからである。先にも述べたように，治療の予後は飼い主の応諾性や実践力に依存する部分が大きいので，フォローアップに際しては飼い主が納得のいくまで時間をかけて説明を繰り返さねばならない。以下に各プロセスについて詳述する。

図3-1　問題行動の診療プロセス

2 質問票による診察前調査の実施

1）質問票の内容

　日本において多くの行動診療科認定医が使用している質問票（日本獣医動物行動学会のHP<https://vbm.jp/>にて公開されている，巻末資料参照）は，米国コーネル大学獣医学部動物行動診療科で使用されていたものについて許可を得て翻訳し，日本の飼育状況を鑑みて改変したものである。この質問票は飼い主ができるだけ客観的に記入できるよう多くの質問に選択肢を設けているところが特徴である。

2）質問票を使用する診察の利点と欠点

　現在でも多くの行動診療クリニックにて質問票が利用されているが，米国の大学病院においてもあえて質問票を使用していないところも存在する。なぜなら質問票の使用については利点と欠点が存在するからである。行動診療を試みようと考えている獣医師は，その利点と欠点を十分に理解した上で，自らの診療スタイルを実際に思い描きながら使用の有無を決定するとよい。

　まず利点としては，動物の問題行動に直面してどうしてよいかわからず漫然と困っている飼い主に対してわかりやすい質問票を呈示することで，診察時に必要となる事項を整理してまとめてもらうことが可能となることである。また診察を行う獣医師にとっても最低限の質問を失念するおそれがなくなるので有用であろう。さらに，質問票には問題となる行動だけでなく，全般的な情報が記載されるため，飼い主が認識していない新たな問題や問題の背景となる動機づけの発見も可能となる。あらかじめ質問票を回収することができるならば，獣医師は診察までに治療計画を練っておくことも可能であるし，診察に際して咬傷事故などの危険を未然に防ぐことも可能となるであろう。また，質問票を使用することで，症例ごとに均一な情報を入手することが可能となるため，蓄積されたデータをもとにさまざまな調査や分析を行うことができるようになる。

　他方，欠点としては，まず飼い主にとって余分な手間がかかることが挙げられる。一般的な飼い主は相談即解決を望むものであり，一見無関係と思われる情報をいちいち質問票に記入することなどは敬遠しがちである。しかしながら，これまでにも述べたように，行動治療を実際に実施するのは飼い主であり，飼い主の協力なくして問題の解決はあり得ないのである。言い換えれば，質問票に正確に動物の情報を記載することが不可能であったり，それを面倒がるような飼い主であれば，行動診療を行うことが困難なものとなることは想像に難くない。何度も繰り返すようであるが，行動治療の成功の鍵は飼い主の理解力と応諾性（もしくは治そうとする意欲）や実践力にあるのである。もちろん，獣医師はそれを助けるべく，平易で適切な言葉を用いて説明し，治療実施にあたってくじけがちな飼い主を鼓舞し続けていかねばならないことはいうまでもない。このように，質問票を飼い主の理解力と応諾性を判断するためのよい材料と考えるならば，この欠点はあながち問題とはならないのかもしれない。

　また，質問票を使用する場合には，診察時間が長くかかり，その内容が散漫となる可能性も生じる。質問票には多種多様の情報が記載されているため，慣れない獣医師はすべての内容について飼い主に確認をとりたくなってしまったり，一見関わりのない事項に問題の動機づけを探しはじめたりしてしまいがちである。さらに複数の問題を有する動物の飼い主に

対して，質問票をもとに事細かに聞き取り調査を行うとなれば，かなり長い診察時間を覚悟しなければならなくなる。毎日を行動診療に充てることのできる獣医師ならばいざ知らず，他の診療分野を中心に担当している獣医師が，それだけの時間を費やせるかどうかは疑問である。

先に米国には質問票を使用していない専門医も存在すると述べたが，そうした獣医師の考え方は実に明快である。飼い主，そして獣医師も集中力が持続する時間はせいぜい2時間程度であるから，その範囲内で診察は終わらせねばならないということである。そして行動治療の究極の目的は，飼い主が不満なく動物と暮らすことができ，動物とのよりよい関係を築き上げることであるため，飼い主がその時点で困っている問題にだけ対処すればよいという。診察の際には，飼い主が思い描く良好な関係（治療のゴール地点）というものを飼い主にはっきりと認識させ，獣医師はそれに向けて治療を開始するわけである。

こうして質問票の利点と欠点を挙げていくと，これから行動治療を試みようとしている獣医師は迷ってしまうかもしれない。著者らとしては，行動治療を専門とする獣医師であれば質問票を使用すべきであるが，専門とするわけではない獣医師はその利用形態を変えてみたらどうかと考えている。質問票の有用なところだけを採用すればよいのである。すなわち，質問票を飼い主に記載してもらって，その飼い主の理解度と応諾性を推し量り，診察時の危険を回避する。行動診療に慣れていない獣医師は，これをあらかじめ読むことにより，診療計画を立案して診察時間の短縮を図る。質問票を使うことで，慣れない獣医師でも重要な事項をうっかり聞き逃すおそれも少なくなる。専門家のように質問票に沿って診察を進めるのではなく，診察時には飼い主が今困っている点だけに焦点を絞るよう心掛けるのである。質問票を使用していれば，専門家（獣医行動診療科認定医）の助けを借りる場合や専門家に紹介する場合にも飼い主の負担を少なくできるはずである。

3 診察

質問票利用の有無にかかわらず，診察は行動診療に欠かせないプロセスである。欧米には電子メールやファックス，電話などだけによる行動診療を実施している人もいるが，一般的な飼い主にとっては自らのイヌやネコに対して客観的な評価を行うことが困難な場合も少なくないので，動物の状態や飼い主と動物の関係を直接観察することのできる診察の機会を省くべきではない。とくに飼い主と密接な関係にある獣医師が不十分な情報をもとに誤診してしまうことにでもなれば，飼い主との信頼関係は失墜してしまいかねないからである。現在では，オンライン診療という新たな形態についてもその可能性が模索されはじめているが，薬物治療の可能性がある場合には，動物の身体の状況を直接確認する必要があろう。

診察の場所としては，動物病院の一室あるいは飼い主の自宅が考えられる。動物病院の一室（通常は診察室であろう）は，忙しい獣医師にとって都合のよい場所ではあるが，動物や飼い主にとっては緊張を強いられる場所となるので，実際の問題行動や飼い主と動物の日常的な関係の観察には不適切である。ただし，医学的な検査や処置を直ちに行えるところは魅力である。問題行動を診察する場所として通常の診察室を利用する場合には，飼い主のためにリラックスできる椅子を常備したり，動物のリードを外して部屋を探索することができるように危険なものを放置しないなどの工夫が必要になるであろう。また，飼い主と動物をリラックスさせるためには白衣を脱ぐなどしてもよい。常時急患が入って診察室を占領してしまうおそれがあるタイプの動物病院では，診察室を使うことは避けた方が無難かもしれない。

他方，往診する場合に大きな問題となることは，獣医師が動物の縄張り（テリトリー）内に侵入せねばならないことに伴う危険性である。動物は，自らの縄張り内にいる場合は，通常より強気に振る舞うものである。もし，動物の問題が攻撃行動である場合は，獣医師が攻撃の対象となるばかりか，攻撃が激化する可能性もあるので十分に注意せねばならない。それでも往診は，実際の問題行動や飼い主と動物の真の関係や飼育環境を知るためには魅力的な方法である。問題がひどくて動物が飼い主の手に負えない場合や動物の恐怖心が強くて来院が困難な場合などは，往診を利用するか，飼い主によって撮影されたビデオ映像をみたり，オンラインテレビ電話などを利用して問題行動の実際をみながら診察する方法が推奨される。家の中のレイアウトや動物の普段の様子が観察できるオンライン診療にもメリットはある。

　いずれの診察方法を選択する場合でも，できるだけ多くの関係者，すなわち責任のある飼い主だけではなく，動物と密接に関わっている飼い主の家族などにも参加してもらう方が好ましい。実際には面倒をみていないおじいさんやおばあさんの方が動物の行動を客観的に観察している場合もあるし，お父さんは咬まれていなくてもお母さんや子どもだけが被害に遭っているかもしれないからである。例えば日課表の記入を飼い主に求めることで，家族全員や自宅外で関わる人などの影響をみることができ，獣医師自身が各々の家族メンバーや関与する人と動物との関係を客観的に評価することが可能となるし，全員が問題行動を認識することとなるため協力しあって治療を実施できるようになる。

　診察に際して，質問票を利用する場合は，質問票に沿った形で進行していく。質問票の記載不備が認められる場合は，飼い主の能力に応じて易しく質問し直してみるとよい。仮に質問票を利用しない場合であっても，稟告により集めておくべき最低限の情報について以下に列挙する。これらの情報は質問票に含まれてはいるが，重要な事項であるので，質問票を利用する場合でも飼い主の注意を喚起する目的で質問票の内容を再度質問して確認するか，質問票の内容を確認するときに十分な時間をとるべきであろう。

- 問題となる動物の年齢，性別，品種，病歴などといった一般情報
- 受診の原因となる問題行動の概要（主訴）
- 受診のきっかけとなった出来事の詳細
- 最も最近に起こった出来事の詳細
- 問題行動を引き起こす状況：その場にいる人間や動物，時間帯，環境要因などを含む
- 問題行動に対して家族や周囲の人が行った対応
- 問題行動や人の対応に引き続いて発現する動物の行動
- 問題行動の経過：最初の問題発生時期，問題行動の頻度・程度・深刻度やその変化など
- 関連する問題行動や背景となる要因（Column 10 参照）
- 問題行動が発現しない場合の状況
- 飼い主が望む最終目標

　動物の問題行動を正しく診断するためには，問題行動を起こす情動や動機づけを正確に見極める必要がある（Column 11 参照）。そのためには問題行動が発現する前後の動物の様子をしっかりと観察せねばならない。飼い主の多くは，咬むとか吠えるといった，いわば症状は訴えるものの，その前後の行動や動物の示しているボディランゲージや表情には無関心なものである。こういった場合は，あらかじめ依頼しておいた問題行動の動画を確認したり，必要に応じて診察時に実際に問題行動を発現させて獣医師がその様子を観察して診断を下すこともある。

例えば，訪問者に対して吠えるイヌの場合，診察室の外からドアをノックして挨拶することで吠え行動を誘発し，イヌの耳や尾，口元を観察することで，攻勢的な攻撃であるか，恐怖に由来する防御的な攻撃なのかを判断することができるのである。また，分離不安の場合には，まず飼い主に診察室より退室してもらい，続いてすべての人間が退室することによって，動物が飼い主にだけ過度の依存心をもっているのか，または人間に対して依存心をもっているのかを判断することが可能である。こうした方法は多少の危険は伴うものの，同時に実際の治療方法を試すことが可能となるので有効な場合がある。以下に診断の助けとなる動物の姿勢や表情の変化について解説する。

　イヌのボディランゲージを図3-2に示した。Aが普通の状態で，ここから興奮度が高まってくると尾をもち上げ歩様が軽やかになる（B）。さらに遊びたい気持ちが高まるとCのように前駆を低くして後駆をもち上げ，尾を振りながら相手の周りを飛び回るようになる。相手が強気な場合などは尾の振りが弱くなるとともに耳を伏せ（D），徐々に後駆を下げて尾を巻き込むようにする（E）。一方で興奮の高まりとともに攻撃したい気持ちが出てくると，尾を高くもち上げうなり声を発するようになる（F）。とくに背中の部分の被毛を逆立てて身体を相手に大きくみせるようにして尾を軽く左右に振る場合もある。目は相手を睨みつけ，耳も前方に向けて立てる。これらは自らに自信がある場合の典型的な攻撃姿勢で，ここに恐怖心が加わると，徐々に耳を伏せて重心を後駆に移しながら尾を下げるようになる（G, H）。最終的に服従を示すようになると，うなることをやめて耳を伏せ尾を巻き込んで伏せの姿勢をとる（I）。さらに典型的な服従姿勢は，耳を伏せて尾を巻き込み，相手に自ら腹をみせることである（J）。

　とくに攻撃行動について診断する場合には，表情にも注意を払いたい（図3-3）。通常の状態（右上）から攻撃心が増大するとうなり声を発するとともに口を開け口唇をもち上げて前歯から犬歯を相手にみせる。耳はピンと立てて前方を向ける。ここに恐怖心が入ってくると耳を徐々に伏せ口角を後ろに引き寄せる形で臼歯までみせるように口を開くようになる。これらの情報が得られるだけでも，攻撃行動の原因をある程度推測することが可能となる。

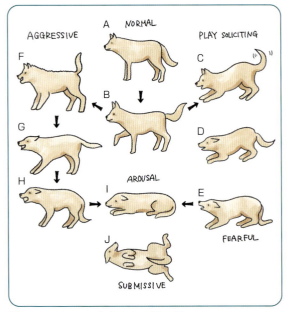

図3-2　イヌのボディランゲージ
　　　（Fox，1972より改変）

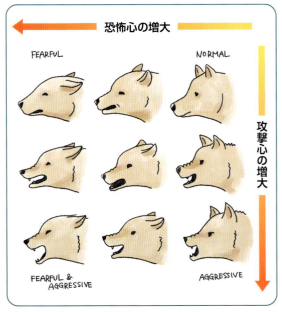

図3-3　イヌの表情変化
　　　（Fox，1972より改変）

通常，イヌの攻撃行動は"唸る・吠える"，"咬む真似をする（空を咬む）"，"咬む"の3段階から成り立つものであるが，感情の変化が急速な場合，学習により威嚇行動が消失している場合や特発性攻撃行動の場合は，前2段階は発現しないことが多いので，こうした情報も診断に役立つであろう。

ネコでは図3-4のように通常の状態（左上）から恐怖心が増大すると徐々にうずくまってしまい，これに加えて攻撃心が増大してくると被毛を逆立てて立ち上がり，背を丸めて横向きになり尾を立てたり逆U字型にして威嚇する。表情に着目すると，図3-5のように通常の状態（左上）から防御性が高まるにつれて耳を伏せ，洞毛（感覚毛・ひげ）を横に張って攻撃態勢に入る。一方積極的な攻撃に転じる場合は，耳を後ろに向け洞毛を前に向けるようになる。いずれの場合でも，攻撃前には瞳孔が散大することが多い。

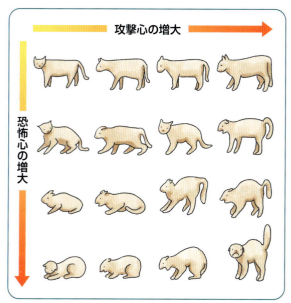

図3-4　ネコのボディランゲージ
　　　（Leyhausen，1975より改変）

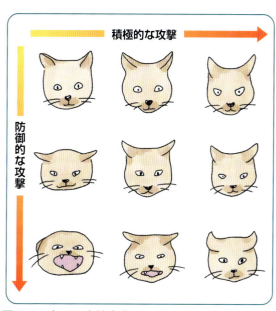

図3-5　ネコの表情変化
　　　（Leyhausen，1975より改変）

ネコもイヌと同じように自らの腹をみせて寝転がることがあるが，これが服従を示す状況であることは少なく，多くは極端な防御姿勢であったり，遊びを誘う姿勢であったり，発情時の雄を誘う姿勢であったりする。

獣医師は1時間以上にわたる診察時間内に動物の行動，飼い主と動物の関係を観察する以外に大事な仕事をこなさねばならない。それは，飼い主との会話を通して飼い主の理解力と応諾性を正確に評価することである。他章でも触れているように，行動治療の中心を担うのは飼い主の実践力だからである。獣医師の伝えたいことを飼い主が明確に理解し，治療法を正しく実践して初めて行動治療の効果が現れる。獣医師は，飼い主の理解力を評価することで治療方針を説明するための表現方法を調整したり，また応諾性や実践力を評価することで治療方法の難易度を変化させたり，治療方法を分割して段階的に呈示するなどの工夫をすることが可能となるであろう。

4 医学的検査（Column 12 参照）

　診察時には，類症鑑別に必要な医学的検査を実施する。問題行動の種類によってその内容は異なるが，必要に応じて実施されるべき検査を以下に記す。

- 身体検査：攻撃行動や過剰発声（吠え）などは，痛みによって発現する場合があるので，一般的な身体検査（触診や歩様確認など）により痛みの有無を調べる必要がある。また，ボディコンディションスコアや被毛の状態によって世話の程度や内分泌疾患を推定することが可能な場合がある（後述）。
- 血液性状（内分泌検査を含む）検査：一般血液検査を実施することにより，内科疾患由来の行動変化を鑑別できることがある。場合によっては，血液中ホルモン濃度を測定するとよい。攻撃性の上昇に関連する内分泌疾患として甲状腺機能低下症や亢進症，副腎皮質機能亢進症などが，また抑鬱状態を呈する疾患としては糖尿病，甲状腺機能低下症，上皮小体機能亢進症，副腎皮質機能亢進症，インスリノーマなどがある。てんかん発作を示すことのある疾患としては甲状腺機能低下症，上皮小体機能低下症・亢進症，副腎皮質機能低下症，インスリノーマなどが報告されている。
- 尿検査：不適切な場所での排泄が主訴の場合は，必須の検査である。尿性状検査のみならず，尿路系疾患の検査も併せて行うべきであろう。
- 糞便検査：異嗜が顕著な場合は，まず寄生虫検査を行うべきであろう。不適切な場所における排糞が認められ排尿場所には問題がない場合には，糞便検査に加えて消化器系疾患の検査も併せて行う必要がある。
- 皮膚検査：舐性肉芽腫，皮膚炎が認められる場合は，まず皮膚病に関わる検査を行わなくてはならない。
- 神経学的検査・整形学的検査：痛みにより攻撃行動や不安徴候が認められることがある。また，常同障害や関心を求める行動などで動物が旋回運動や自傷行動，跛行を示すこともある。これらの症状がある場合には神経学的検査や整形学的検査，X線検査，CT検査，MRI検査などによる類症鑑別が必要となる。

5 診断

　診察前に飼い主が記載した質問票，診察時の情報，医学的検査の結果を総合的に判断して診断を下すこととなる。医学的疾患と行動学的問題が併発している場合もあるので，十分に注意して診断すべきである。しかしながら，これだけの情報をもってしても実際の問題行動をみていない獣医師にとっては（たとえ診察中に問題行動が発現したとしても）確定診断を下すことが不可能な場合も少なくない。そのような場合は，仮診断をもって治療を進めることも可能である。いずれにせよ，診断を下す場合には類症鑑別すべき項目を列挙し，飼い主に鑑別すべき点を説明して診察後の情報提供を仰ぐ必要がある。

6 治療方針の説明

　診断が下された後には，飼い主に診断名と診断を下した根拠を明確に伝え，治療方針を詳しく説明せねばならない。行動治療の際には，薬物投与や環境の修正だけでなく，行動修

正法のように飼い主が日々実践せねばならないことが多いため，このプロセスにも十分な時間を割く必要がある。基礎トレーニング（イヌをリラックスさせながら行う簡単なトレーニング）の方法（第4章）などは，口頭説明やハンドアウトのみでは不十分であるため，飼い主とイヌに参加してもらって実践してみる方が望ましい。その際にはご褒美となるおやつに対してイヌがアレルギーなどをもっていないかどうかを飼い主にあらかじめ尋ねておかねばならない。また，飼い主はその場ではすべてを理解したと感じていても，帰宅してからいざ行動治療を実践しようとした場合に記憶が曖昧であることに気づくことが少なくない。こうしたことを防ぐために，治療方針を記載した説明書を作成し，そのコピーを飼い主に渡すとよい。この説明書は，以降のフォローアップの際にも役立つことになるであろう。

　また，初回の診療の際には，必ずしも確定診断を下すことができない場合もある。将来的に確定診断を下すため，また治療効果を確認するためにも，実際の問題行動の客観的な記録（回数や程度など）を飼い主に依頼することが望ましい。

7 フォローアップ

　実際に治療に取り組むのは飼い主であるため，行動診療のプロセスでは診察後のフォローアップが必要不可欠なものとなる。連絡手段としては，電話，電子メール，オンラインテレビ電話，チャットツールなどが考えられるが，他の診療業務の妨げとならないようあらかじめ手段を限定しておいた方がよい。通常の飼い主は，診察時に治療方針を説明されてハンドアウトをもち帰ったとしても，いざ基礎トレーニングなどの行動修正法を実施する際になると分からないことがたくさんあると実感するものである。まずはその問題点を解消するため，診察終了時に連絡手段を飼い主に伝えておかねばならない。たとえ飼い主から連絡が入らない場合でも，診察1週間後には，行動治療法に不明の点がないか，問題点がないか，経過はどうかといったことを尋ねるとともに，実際の行動治療の大変さにくじけそうな飼い主を元気づけるという意味からも，担当獣医師から連絡することが望ましい。

　行動修正法の効果が明確になるためには，数週間の期間を要することが多いため，基本的にはその後は飼い主からの質問に応えるようなフォローアップを続ける。しかしながら，飼い主から連絡が全くない場合は，診察4〜6週間後に再度担当獣医師から連絡を入れて，経過や現在の状況を確認すべきである。診察時に飼い主が望んだ目標点に到達していない場合や他の問題が生じているような場合は，即座に対応を考えていかねばならない。

　フォローアップの際に大切なことは，飼い主に問題が改善の方向に向かっていることを少しでもよいから実感してもらうことである。飼い主の中には，診察時に掲げた目標が高すぎたり，他の問題が目につきだしたりして，行動修正法を日々実施する中で，その進捗状況を認識できない人が少なからず存在する。こうした飼い主に，現状を聞くと同時に以前その動物がどのような状態であったかを思い出させることができれば，自ら行ってきた努力の成果を飼い主自身が客観的に評価できることとなる。多くの行動修正法は単調で煩わしく，毎日継続せねばならない。その上，創傷などと異なり，日ごとの治療効果を実感できないので，ともすると飼い主は治療方法に疑問を抱いたり，弱気になって勝手に治療を中止してしまいがちである。これらの問題を防ぐ唯一の手段が担当獣医師によるフォローアップであることを，獣医師は十分認識しておかなければならない。

Column 10　バックグラウンドストレスとは？

　近年，問題行動診療において，バックグラウンドストレスという考え方が提唱されて定着しつつある。以下にその考え方について紹介する。

　この考え方では，問題行動に関連した要因が大きく2種類に分類される（図、図中の赤（A）の部分および青（B）の部分）。

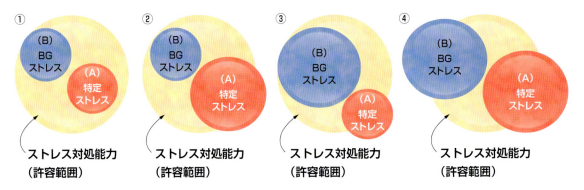

図　バックグラウンドストレスの考え方

<u>(A) 赤の部分</u>：動物の反応や問題行動を誘発する特定の刺激や状況を，丸の大きさはその強度や程度を示している。特定の刺激や状況に限られるので，一時的かつ一過性で短時間で動物の反応や行動が消失することもあるが，その頻度が多ければ反応や行動の頻度も多くなる。

<u>(B) 青の部分</u>：動物の問題行動に関連している要因として，環境や生活に存在する外的要因および動物の気質や体質などの内的要因を総合したものを示している。バックグラウンド要因（図ではBGストレスと表記）ともよばれており，その要因が多くて影響が大きいほど青の部分は大きくなる。この要因により動物のストレス状態が慢性的/長期的に持続すると考える。

　外的要因には動物の生活環境，飼養管理法，飼い主の接し方，生活スタイル，同居家族（または同居動物）との関係，動物のために実践していることなど日常生活に存在しているものや，ルーティン（日課）やその変化（家族の不在，平日と休日の違い，来客，あまり会わない人間や動物との交流，外出や旅行，通院やグルーミングなど），ライフイベントによる変化（引越し，改装や模様替え，家族構成やライフスタイルの変化など），天候（気温・湿度・気圧，寒暖差，気圧差，雷や強風など），のようなさまざまなことが含まれる。

　内的要因には先天的問題，形態学的な特徴，動物の体質および気質，動物種別の特性，出生前後や幼少期の経験，医学的問題，疼痛や不快感とそれらの記憶，睡眠の質などが含まれる。

<u>外側の囲い（黄色の部分）</u>：動物がストレスに対処できる能力の許容範囲を示している。赤や青の部分が大きくなりこの範囲を越えてしまうと問題行動が発現すると考える。

　動物が家庭で生活していればさまざまな刺激や状況によってストレスを感じる機会は避けられない。しかし仮に刺激やストレスを感じても図①のように動物のストレス対処能力の許容範囲（黄色の部分）内におさまる程度のものであれば，問題行動は生じることなく動物は心身ともに健康的に生活できる。

　②のように赤で表す特定の刺激や状況が，たとえ一過性であっても非常に強いまたは程度が大きい場合に，動物の対処能力の許容範囲を越えて問題行動が発現する。この場合，赤の部分を大きくしている刺激や状況がなくなれば問題行動は自然におさまることもあれば，適切な対応や治療を施さないと許容範囲内に戻らないこともある。

　③のように青の部分が大きくなった場合は，たとえ赤の部分が軽度であっても問題行動が持続的に発現する。青の部分に医学的問題（とくに慢性疾患によるストレス）が含まれていると問題行動だけの治療をしてもなかなか改善されない場合もある。

　④のように赤および青の両方の部分が大きければ問題行動はより頻度や程度を増し深刻化する。

　行動診療で問題行動を根本的に治療するためには，赤および青の部分に当てはまるものは何か？　それらがどの程度影響を与えているのか？　などを明確にし，すべての要因に対して適切な治療や対応を行う必要があるだろう。

Column 11 　問題行動診断アプローチの新たな潮流

　獣医療の他分野と同様に，行動診療においても動物が示す問題行動に対してできる限り正確な診断を下し，その診断をもとに適切な治療プログラムを立てて進めていくことが大切である。

　診断方法には，問題行動そのものとそれが発現する状況など観察し得る事象に焦点を当てて分析し，動物の体内で起こっている変化などは考慮せず行動変容のためのプログラムを組み立てるといった行動主義的アプローチや，動物の生理学的および神経学的な内的状態に焦点を当て，問題行動を生物学的な機能不全（疾患）として捉えて薬物療法なども取り入れつつ治療を進めていく医学的アプローチなどがあった。日本でも欧米でも新旧合わせてさまざまな診断方法と診断名が混在し統一されていないのが現状ではあるが，近年の欧米ではこれまでのものをうまく融合させたアプローチ法が提唱されてきているので本コラムではそれらを紹介する。

　「心理生物学的アプローチ」は，比較心理学・進化生物学・行動生物学・そして神経生物学などをベースに，特定の問題行動が起こる状況・情動・動機づけの3点とその関係性に焦点を当てつつ，その行動に影響を与える様々な因子を考慮して診断する方法である。

　心理生物学的アプローチによる診断で焦点を当てるのは以下の3点である。

■ 状況・文脈：context
　正確な診断のためには特定の問題行動が発現した際の状況を観察し可能な限り多くの情報を得る必要がある。飼い主からの情報だけでなく，録画された画像や動画なども参考にするとよい。この状況に関する情報の中には，行動発現を誘発する直接的な刺激だけでなく，その行動が発現した時の周囲の様子（環境内の刺激，関係する人間や動物の行動など）も含まれていることが望ましい。

■ 情動：emotion
　情動とは，ある状況内で呈示された刺激が個体の感覚器をとおして脳内に伝えられた結果，脳内の神経学的および内分泌学的な経路によって迅速に引き起こされる反応である。同じ状況で同じ刺激が呈示されたとしても，それぞれの個体で生じる情動反応が必ずしも同じものになるとは限らず，その刺激が意味するものや，それによって生じる反応はその個体に特有のものであるという特徴がある。

■ 動機づけ：motivation
　動機づけとは特定の行動における生物学的な機能や動物が目指している目的やゴールのことである。特定の誘発刺激とそこから引き起こされる行動，そしてその行動がもたらした結果や，強化／維持されている行動などからその個体の動機づけをある程度推測することができる。

　上記のうち，情動と動機づけは独立したものではなく，脳内には何種類かの異なる情動と動機づけのネットワークがあることが神経生物学などの発達により解明されつつある。誘発刺激によってそのネットワークが活性化し，情動反応が生じ，それにもとづいた動機づけによる行動が引き起こされ維持されることがわかってきている。それぞれのネットワークに関連した特定の脳の領域があり，ネットワークの伝達に関わる神経伝達物質やホルモンなども少しずつ明らかになってきている。現時点では情動や動機づけのネットワークとしては以下の9種類が挙げられている。

情動や動機づけのネットワーク

- 「欲求（desirables, desire-seeking）」：生存のために必要なものや有利になるものを探索する，獲得するためなどの行動につながる
- 「不満（frustrations）」：怒りによる攻撃行動や現状突破のための行動につながる
- 「脅威（threats, fear-anxiety）」：恐怖や不安から自身を防御するための行動（逃走や回避，フリーズ，反撃，なだめなど）につながる
- 「愛着対象（attachment figures and objects, panic-grief）」：愛着ある対象から離された際にパニックになったり悲嘆にくれたりして，呼び戻す，探し回る，追い求めるなどの行動につながる
- 「仲間（affiliates, social play）」：仲間意識を持った相手との社会的な遊びや絆を築くなどの行動につながる
- 「性対象（potential sexual partners, lust）」：性欲対象に対する求愛や交配など繁殖行動につながる
- 「扶養対象（dependents, care）」：弱い立場の個体（子など）を守る，世話するなどの行動につながる
- 「疼痛（pains）」：身体的な損傷や炎症があるときに，自身の身体を守り，損傷をこれ以上悪化させないためなどの行動につながる
- 「嫌悪対象（undesirables, social exclusion）」：受け入れ難い相手に反発する，排除するなどの行動につながる

心理生物学アプローチにもとづいて動物の問題行動を診断する場合は，観察される問題行動が生じる際に，いずれのネットワークが活性化されているか判定することに重きを置いている。さらに判定の際には，動物が置かれている状況だけでなく，その時の動物の興奮・覚醒レベル，動物の一般的な行動傾向（例：ある状況に立ち向かおうとするタイプなのか，逃げようとするタイプなのかなど），動物の示しているコミュニケーションシグナルなども考慮する必要がある。また行動の発現には，遺伝・エピジェネティクス（遺伝子のon/offを制御する因子）・環境的要因・社会的要因・経験や学習・生活スタイル・身体的要因や健康状態など，実に様々なバックグラウンド要因が影響することも忘れてはならない。なお，特定の状況における誘発刺激によって，上記のうちのひとつのネットワークだけが活性化されるとは限らない。異なる複数のネットワークが同時に活性化することもあり，その場合に個体は葛藤状態に陥ることもある。

　2020年代には「心理生物学的アプローチ」をさらに深めた「ワン・メディスンアプローチ」なる考えも現れてきている。上記のバックグラウンド要因のうち，個体の身体的要因や健康状態は問題行動に大きく影響を与えるものである。これまでは動物の身体と精神は別々のものとしてとらえ，問題行動が見られる場合は，順番としてまずは身体的異常（疾患）を除外してから診断・治療を進めるべきという考え方が主流であった。しかし「ワン・メディスンアプローチ」では動物の身体と精神は繋がっていて切り離して考えることはできない，つまり個体の身体的要因や健康状態も情動や動機づけに大きく影響を与えている要因に他ならないという考えのもと，問題行動がみられる場合は，併存する疾患の有無に関わらず直ちに行動の診断・治療を開始するべきであると提唱している。疾患のある動物であっても，いやむしろそのような疾患で苦しんでいる動物だからこそ，一刻も早く問題行動と疾患の両方の治療に取り組むべきであり，これらを並行して行うことが動物の幸福と福祉を守ることにつながるという考え方である。日々，小動物臨床に取り組む獣医師たちにとっては，この「ワン・メディスンアプローチ」こそ適切な診断アプローチであるといってもよいのかもしれない。

　このように問題行動の診療にはたくさんのことを考慮してアプローチする必要がある。そうやって考慮しながら論理的に診断を"下し"，それに沿った治療プランを立て，飼い主に実践を促してサポートしていくことが，これからの行動診療には求められている。

＊このコラムに関する詳細は以下の文献などを参照していただきたい

[1] Mills D.S. (2024): The psychobiological approach to problem behavior assessment. Behavior Problems of the Dog and Cat,507-520.
[2] Radosta L. Approach to the diagnosis and treatment. in Landsberg G., Radosta L.,AckermanBehavior L(eds) Behavior Problems of the Dog & Cat Fourth Edition. pp135-148. Elsevier. 2024
[3] Heath S. Understanding feline emotions: … and their role in problem behaviours. Journal of Feline Medicine and Surgery. 2018 May;20(5):437-444.
[4] Mills D.S. Dube M.B., Zulch H. Stress and Pheromonatherapy in Small Animal Clinical Behaviour. Wiley.2012.
[5] Mills D.S., Hewison L., Denenberg S. Diagnosis. In Denenberg S. Small Animal Psychiatry(English Edition). pp106-122. CABI.2021
[6] Karagiannis C., Heath S. Understanding Emotions. In Rodan I., Heath S.(eds) Feline Behavioral Health and Welfare. pp228-234. Elsevier Health Sciences.2015.

Column 12　問題行動と医学的疾患

　行動診療のプロセスにおいて，医学的検査が挙げられているように，問題行動を主訴としている場合も，類似の行動学的症状を引き起こす可能性のある医学的疾患を鑑別することは非常に重要である。例えば，欧米における調査では，行動診療科に来院した犬の症例のうち30〜80％で疼痛をもたらす疾病に罹患していたという報告もある。そのため，常に医学的疾患の可能性を考慮に入れながら診療を進める必要がある。

　各疾患と問題行動の関わりは多岐にわたり，2024年のVeterinary Clinics of North America: Small Animal Practiceでは，The False Dichotomy Between Medical and Behavioral Problems（医学的問題と問題行動の間の誤った二分法）というテーマで，炎症，代謝性疾患，分離，攻撃性，痛みや異常感覚，皮膚疾患，反復的な行動，加齢変化などとの様々な関わり方が紹介されている[※1]。

　両者の関わり方としては，1）疾患が問題行動の直接的な引き金となる場合，2）疾患がバックグラウンドストレス（ Column 10 参照）に影響し問題行動を起こしやすい状態にする場合，3）疾病罹患時の学習により問題行動が生じる場合，などが考えられよう。例えば，痛みと攻撃行動の関わりでは，1）背部痛がある状態で家族に抱き上げられる際に痛みを感じて攻撃的になる，2）痛みがセロトニン活性を下げることで攻撃の閾値が下がり，痛みをもたらす状況以外の場面でも攻撃的になる，3）抱き上げられることと痛みを結びつけ（古典的条件づけ），痛みが消失した後も学習の影響により攻撃行動が持続する，ということになる。

　行動学的な客観的検査がほとんどない現状では，医学的検査により異常があれば，医学的疾患の治療を行い，医学的検査により異常がなければ，行動学的な問題[※2]として行動治療を行うことが基本の流れとなる。しかし，前述の総説や例のように，医学的疾患と行動学的な問題は両者が併存していたり，相互に影響している例も少なくないことが明らかである。すなわち，どちらか一方により問題行動が起きているという前提で診療を進めることは危険であり，欧米では身体と精神を包括的に扱う「ワン・メディスンアプローチ（ Column 10 参照）」なる考えも現れてきているという。

　では，臨床現場ではどのように進めるべきだろうか。医学的疾患を除外するためにどこまで検査を行うべきか（例えば，麻酔が必要なMRI・CT検査，生検などを行うべきか）悩んだり，そのような精密検査の結果が出るまでの間，日常的に生じている問題行動にどのように対応すべきか，飼い主からの切実な訴えを受けることもあるだろう。行動診療においても，Problem-Oriented-System（POS）に従い，医学的疾患と行動学的問題の両者が存在する可能性を常に考慮に入れて多角的な視点を持ち，経過を予想し，動物と家族のQOL向上のための的確な優先順位をつけて，問題に対峙する必要があるだろう。

※1　Canine and Feline Behavior, An Issue of Veterinary Clinics of North America: Small Animal Practice. Canine and Feline Behavior. 2024. Volume 54, Issue 1.
※2　ここでは，動物種・品種・性別などに応じた正常な行動パターンが問題行動となる場合や，不適切な飼育環境，動物と飼い主の関係構築の不備，器質的変化を伴わない脳機能の異常，学習などが原因となって問題行動が生じている場合を行動学的な問題と称する

第4章

行動治療の基本的手法

第4章　行動治療の基本的手法

1　行動修正法

　不適切な動物の行動を望ましい行動に変化させる手法で，動物の学習原理に基づいて考案されており（Column 13 参照），行動治療の中心となる。ほとんどの問題行動に対して有効な方法であるが，実際には飼い主が実施することになるため，その効果は飼い主の理解力と実践力に依存することとなる。そのため，行動修正法を用いる獣医師は飼い主の応諾性を適切に評価しながら指示を与え，必要に応じてフォローアップをしていかねばならない。以下に基本的な行動修正法について解説する。

■刺激制御（control of stimuli）
　実際に問題行動を発現させている刺激を制御することにより，問題行動を減弱させられることがある。例えば，視覚刺激を遮るためにカーテンを吊したり家具の配置を変更したり，過度な聴覚刺激を遮るためにマスキング音（テレビやラジオ音，ホワイトノイズ）を常時発生させたりする。

■洪水法（flooding）
　動物が反応を起こすのに十分な強度の刺激を，動物がその反応を起こさなくなるまで繰り返し与えるという行動修正法。幼い動物の場合や恐れの程度が弱い場合には有効であるが，成熟した動物では反応が激しいこともあって馴化は困難である。また，当該反応が減じる前に刺激への暴露を中止して，動物が回避行動によって刺激から逃れられることを学習してしまうと，効果が得られないばかりか，問題行動を悪化させてしまう恐れもあるので注意が必要である。
　例えば，車に乗せると吐いたり吠え続けたりするイヌに対して，何が起ころうとも最終的には何の反応もみられなくなるまで何度も続けて車に乗せ続けることを指す（図4-1）。

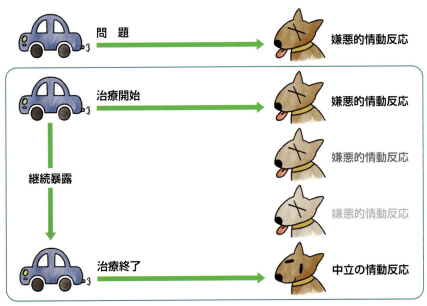

図4-1　洪水法

ただし，何度も強い刺激を与えられて逃れることができないことから生じる学習性無力感や，馴化するのではなく些細な刺激にすら過敏に反応するようになるという感作が生じる危険性があるため，安易にこの方法を用いて行動修正をすべきではない。

■ 系統的脱感作（systematic desensitization）

最初は動物が反応を起こさない程度の弱い刺激を繰り返し与え，動物が反応しないことを確認しながら段階的に刺激の程度を強めていき，やがて最初は反応を起こしていた程度にまで刺激を強めても反応が起こらないように徐々に馴らしていくという行動修正法。後述する"拮抗条件づけ"と組み合わせて用いられることが多い。とくに成熟した動物において有効である。

例えば，先と同じ例（車が苦手なイヌ）の場合，治療開始の時点では，まずエンジンをかけていない車にイヌを乗せる。これを何度も繰り返し，イヌが嫌悪反応を示さないことを確認した上で次の段階へと進み，今度はイヌを車に乗せてエンジンをかけてみる。これを繰り返して再度イヌが不適切な反応を示さないことを確認して次の段階へと進む。次は家の周りを1周するだけのドライブに馴化し，さらにはドライブの距離を徐々に延ばしていくのである（図4-2）。

この手法を用いる場合の注意点は，治療期間を短縮しようとして前の段階への馴化が十分でないうちに次の段階へ進んではいけないということである。もし焦って治療を進め，その結果動物が強い嫌悪反応を示してしまうと，また最初の段階に戻ってやり直さねばならなくなるからである。動物が少しでも不適切な反応の徴候を示すようであれば，必ず前段階に戻って十分な馴化をせねばならないため，専門家が動物の反応を見ながらトレーニング計画を立てるべきである。

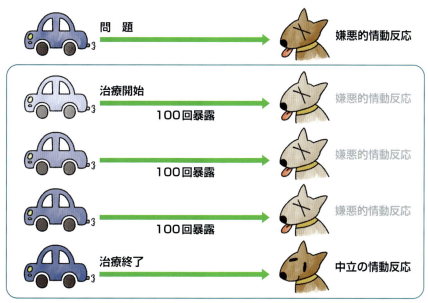

図4-2　系統的脱感作

■ 拮抗条件づけ（counterconditioning）

刺激により生じる動機づけが情動に起因している場合に，刺激に対して生じている情動とは相容れない情動と条件づける行動修正法を指す。馴化の項の系統的脱感作と組み合わせて，特定の対象に恐れ（不快情動）を示す動物の行動修正に用いられることが多い。古典的条件づけの応用である。

系統的脱感作と組み合わせた例では，留守番をさせると破壊行動や不適切な場所で排泄

をしてしまうイヌに対するような治療法が挙げられる（図4-3）。このようなイヌは留守番をさせると不安になったり不快情動が生じるものであるが，系統的脱感作を適用する（徐々に留守番の時間を延ばしていく）ことによってこの不快情動を抑制するとともに，拮抗条件づけを適用し（例えば留守番のときだけに大好物のおやつを与える），留守番に対して快情動が生じるように仕向けていくのである。

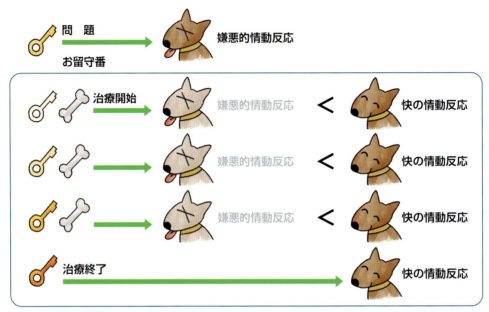

図4-3 系統的脱感作と拮抗条件づけ

■ **行動置換法（response substitution），行動分化強化（differential reinforcement）**

問題行動は，その頻度や程度を抑制させたいと考えられるが，後述するように，罰の適用は意外と難しいものである。本手法は，問題となっている行動以外の行動を強化する（行動分化強化）ことによって，特定の状況で出現していた問題行動を別の行動に置換する手法である。オペラント条件づけの応用である。

(1) 代替行動分化強化（differential reinforcement of alternative behavior）：問題行動とは異なる行動を選択して強化することにより，問題行動を制御する。選択した行動が問題行動と類似したものであれば行動修正は速く進む。

(2) 非両立行動分化強化（differential reinforcement of incompatible behavior）：問題行動とは両立しない（同時に発現できない）行動を選択して強化することにより，問題行動を制御する。

(3) 他行動分化強化（differential reinforcement of other behavior）：問題行動以外の行動を強化することにより，問題行動を制御する。問題行動が一定期間生じない場合や分化強化すべき特定の行動がすぐに見つからない場合に適用するとよい。ただし，行動修正にかかる期間は長く，強化も困難なことが多い。

■ **罰，弱化（punishment）**

特定の反応が再発する可能性を減じるために，その反応の最中か直後に，嫌悪刺激を与えたり（正の罰，正の弱化），報酬となっている刺激を排除する（負の罰，負の弱化）ことをいう。罰は，嫌悪的刺激が取り除かれることで反応再発の可能性が増大する"負の強化"とはまったく異なるものであることに注意が必要である。

正の罰（弱化）を有効なものとするためには，適切なタイミング，適切な強度および一

貫性が必要である。すなわち，動物が望ましくない行動をとっている最中か直後に，動物を怯えさせないよう気をつけながら，しかも十分に嫌悪を感ずる程度の刺激を，その行動が発現するたびに常に与えねばならないのである。このうちひとつでも欠ける場合は罰の効力は激減するため，トレーナーなど専門家以外の一般の飼い主にとって罰の適用は意外と難しいものである。さらに罰を与えることによって，動物が恐怖を感じて攻撃的な反応を示すことも多く，また罰を与える人間を避けるようになってしまう可能性が高いため，とくに言葉で強く叱る，叩く，動物の首を掴むなど，動物に対して直接的に与える罰（直接罰）は一般的な飼い主には勧められない。また直接罰のなかでも体罰に関しては，日本獣医動物行動研究会（現学会）が2018年に反対するための声明を発している（https://vbm.jp/seimei/85/）。体罰がはらむ問題点については，Column 14 を参照していただきたい。

やむを得ず罰を考慮する場合においても，単に罰を与えて特定の反応を抑制するだけでなく，同時により適切な行動を示すように誘導し，その行動に対して報酬を与える行動置換法（あるいは行動分化強化）を併用すべきである。例えば，イヌがスリッパを噛み壊していたら「ダメ」と声をかけて中断させ，直後に場所を移動して「オスワリ」と言ってそれに従えば褒めてあげるとよい。また，罰を考慮する以前に，望ましくない行動に対する動機づけを減じるよう工夫する必要がある。例えば，イヌやネコが過度のマウンティングやマーキングを行う場合，精巣由来のテストステロンが促進要因となっていることが多いので，罰を与える前に動物の去勢を考慮するべきであろう。

一方，負の罰（弱化）は報酬となっている刺激を取り除く方法であり，人間との社会的関係を強く求めるイヌに対しては，無視や好きなこと（遊びや散歩など）の中断が有効である。これらは，人間との相互関係を断つことになるため，社会罰（social punishment）とも呼ばれる。

行動修正法の基礎となるトレーニング（巻末資料参照）

一般的なイヌの飼い主の多くは，動物を飼いはじめた当初はしつけや芸を覚えさせることに熱心なものであるが，イヌが大きくなるとともに熱も冷め，ただ漫然と世話をしたり，かわいがったりするようになりがちである。問題を抱える飼い主では，この傾向がとくに強いようで，イヌとの関係がこじれてしまっている場合も少なくない。基礎トレーニングは，簡単な合図とイヌが大好きなおやつ（強化子〈報酬〉）を利用して飼い主とイヌの関係を再構築しようとするもので，多くの問題行動に対する治療の際に適用される。また，獣医師が関わるほど重篤な問題行動ではない場合（しつけ不足など）にも有効な方法なので，あらかじめ一般の飼い主にも教えておくことが望ましい。

2 薬物療法

行動治療における薬物療法とは，脳内の神経伝達を調整する薬物を使用することにより，動物の欲求や情動反応，覚醒度（arousal）などに働きかけ，問題行動を緩解していく方法である。問題行動の発現には，学習が強く影響しており，前述の行動修正法が治療の主体となる。そのため，薬物療法は，行動修正法を補助する形で利用するという点を理解しておく必要がある。

薬物療法の目的は，以下の通りである。

・動物の神経伝達を正常化することで，行動パターンや生物学的リズムを正常に戻す
・動物の不快情動（恐怖，不安，葛藤など）を減らすことで，動物の福祉を向上する
・動物の覚醒度を調整することで，動物が適切に学習しやすい状況にする
　（これによって飼い主は，行動修正法を実施しやすくなる）

したがって，以下のいずれかが1項目でも該当する場合には，獣医師は薬物療法を検討することになる。

(1) 飼い主が動物の安楽死を考えている
(2) 恐怖症や常同障害，一部の攻撃行動のように神経伝達や神経系の異常が疑われる
(3) 問題行動の誘発刺激に対する動物の反応が激しすぎるために脱感作や拮抗条件づけの実施が困難である
(4) 雷のように問題行動の誘発刺激の予測とコントロールができず刺激制御の実施が困難である

これまで問題行動の治療というと，家庭内あるいは日常生活の中で生じる問題が主な対象であった。近年では，多くの動物にとって，非日常ではあるものの必要不可欠な存在となっている動物病院や診療行為におけるストレスに対して，臨床行動学の手法を活用することが推奨されている。詳細は Column 15 に譲るが，来院前投薬（Pre-Visit Pharmaceuticals：PVP）は，上記の（3）および（4）に該当する薬物療法と考えることができよう。

行動治療において使用する薬物は，種類によって特徴や副作用が異なるため，十分な鑑別診断，血液検査を含む各種臨床検査による動物の健康状態の確認とリスク評価を行った上で，適切な薬物を選択し，飼い主へのインフォームドコンセントを行う必要がある。

また，その動物に対する薬物の有効性を判断するため，問題行動の出現頻度，強度，問題行動出現から落ち着くまでの時間などを経時的かつ客観的に評価することが重要である。なお，2024年4月現在，日本で動物薬として認可されている問題行動治療補助薬は，イヌの分離不安に対してクロミカルム錠®（クロミプラミン）およびリコンサイル錠®（フルオキセチン），イヌの音恐怖症に対してペクシオン錠®（イメピトイン）のみであるため，人体薬を転用する場合や既存薬物の適用外使用を試みる際には，必ず飼い主に説明して同意を得るべきである。

以下に，行動治療に適用されている薬物を薬効ごとに紹介する。各薬物の用量や特徴については，表4-1を参照していただきたい。

■選択的セロトニン再取り込み阻害薬（SSRI：serotonin selective reuptake inhibitor）

セロトニンの再取り込みを選択的に阻害することで、抗うつ作用や抗不安作用を示す。また衝動性を抑えることも知られている。これらの効果の発現には、一般的に投与開始から4〜8週間を要する。その理由として、単にセロトニン量の増加ではなく、シナプス後膜の受容体感受性の変化や脳由来神経栄養因子（Brain-Derived Neurotrophic Factor：BDNF）合成の増加などが効果発現に関わるからと考えられている。MAOI（後述）やTCA（後述）との併用は、セロトニン症候群を引き起こす可能性があるため、禁忌である。
リコンサイル錠®は、イヌの分離不安治療補助薬として、国内で認可されている。

- 対象となる行動：分離不安、全般性不安障害、常同障害、恐怖症、攻撃行動、スプレー行動、心因性脱毛症など
- 副作用：食欲低下、嘔吐、下痢、不眠、攻撃、不安、苛つき、けいれんなど

■三環系抗うつ薬（TCA：tricyclic antidepressant）

古典的な抗うつ薬であり、セロトニンおよびノルアドレナリンの再取り込み阻害作用により抗うつ作用や抗不安作用を示す。SSRIと同様、これらの効果の発現には、一般的に投与開始から4〜8週間を要する。また、ムスカリン受容体・H_1受容体・a_1受容体・電位感受性ナトリウムチャネルの遮断作用を持つために、様々な副作用が生じる可能性がある。MAOI（後述）やSSRIとの併用は、セロトニン症候群を引き起こす可能性があるため、禁忌である。クロミカルム錠®は、イヌの分離不安治療補助薬として、国内で認可されている。

- 対象となる行動：分離不安、全般性不安障害、常同障害、恐怖症、攻撃行動、スプレー行動、心因性脱毛症など
- 副作用：鎮静、口渇、尿閉、便秘、体重増加、食欲低下、嘔吐、下痢、肝酵素上昇、不整脈、頻脈、けいれんなど

■セロトニン$_{2A}$受容体拮抗・再取り込み阻害薬
（SARI：serotonin $_{2A}$ antagonist・reuptake inhibitor）

セロトニン再取り込み阻害作用と$5HT_{2A}/5HT_{2C}$受容体拮抗作用を持つことで、抗うつ作用や抗不安作用を示す。また、H_1受容体およびa_1受容体の遮断により鎮静作用がみられる。MAOI（後述）との併用は、セロトニン症候群を引き起こす可能性があるため、禁忌である。

近年は、来院前投与薬物（PVP）としての使用や、後述のベンゾジアゼピン系薬に代わる形で、SSRIやTCAと併用する頓服使用が主である。併用する場合には、セロトニン症候群に注意が必要である。また、効果や作用には個体差が大きくみられるため、実際に必要となる状況で使用する前に、試験的な投与を行うことが勧められる。

- 対象となる行動：恐怖症、診察関連ストレス
- 副作用：鎮静、食欲増加、嘔吐、興奮など

■アザピロン系薬

自己受容体である$5HT_{1A}$受容体の作用を増強し、抗不安作用を示す。効果発現には受容体発現の減少が重要となるため、数週間を要する。SSRIやTCAと併用することもあるが、セロトニン症候群に注意すべきである。イヌと比較し、ネコでの使用報告が多い。

- 対象となる行動：恐怖症、スプレー行動、ネコの同種間攻撃行動、心因性脱毛症
- 副作用：徐脈、消化器症状、常同行動など

■ベンゾジアゼピン系薬

$GABA_A$受容体に結合し、Cl^-チャネルが開口することで、GABA作用を増強し、抗不安作用や鎮静作用を示す。薬物によって作用時間が異なるが、その反応や必要量には個体差が大

きくみられるため，実際に必要とされる状況で使用する前に，試験的な投与を行うことが勧められる。試験的な投与の結果にもとづくが，一般的には効果を期待する出来事の1時間前に投与する。また，耐性の問題から，短期的な使用が望ましい。ヒトでは健忘の副作用が知られており，学習阻害を起こす可能性があるものの，動物が適切に学習するためには，不安を下げることも重要であるため，行動修正法への影響は少ないという考え方も強い。

・対象となる行動：分離不安，全般性不安障害，恐怖症，スプレー行動など
・副作用：運動失調，鎮静，食欲増加，多飲多尿，動揺，逆説的興奮，攻撃性増加

■ $GABA_A$ 受容体部分作動薬

$GABA_A$ 受容体のベンゾジアゼピン結合部位に対して，低親和性を持つことで，部分的アゴニストとして働く。ベンゾジアゼピン系薬と同じ機序により抗不安作用を示すが，鎮静や運動失調などの副作用の発現頻度が低いという特徴を持つ。

ペクシオン錠®は，イヌの音恐怖症の治療薬および特発性てんかんの治療薬として，国内で認可されている。

・対象となる行動：音恐怖症，その他恐怖・不安に起因する問題行動
・副作用：食欲増加，運動失調，傾眠，攻撃性の変化（増強あるいは減弱）

■ GABA誘導体

抗てんかん薬として知られるガバペンチンやプレガバリンは，$α2δ$ リガンドとして電位感受性カルシウムチャネルに結合し，神経伝達を抑えることで，鎮痛作用（とくに神経障害性疼痛）や抗不安作用を示す。ヒトにおいては，慢性疼痛や不安障害への効果が知られており，イヌやネコにおいても，恐怖や不安に起因する問題行動や感覚過敏の徴候を伴う問題行動に対して使用されることがある。

近年は，とくにネコにおいて来院前投与薬物（PVP）としての使用が多い。

・対象となる行動：恐怖や不安に起因する問題行動，常同障害，診察関連ストレス
・副作用：鎮静，運動失調

■ モノアミン酸化酵素 $β$ 阻害薬

（MAOI, MAO-B inhibitor：monoamine oxidase-B inhibitor）

モノアミン酸化酵素 $β$ を阻害することにより，主にカテコールアミン（ドパミン，ノルアドレナリン，アドレナリン）のシナプス間隙濃度を高めることで，神経伝達を促進し，認知機能を改善すると考えられている。セロトニン症候群を避けるため，その他のMAO阻害薬（アミトラズ，トラマドールなど）やSSRI，TCA，SARIとの併用は禁忌である。

・対象となる行動：高齢性認知機能不全症候群
・副作用：嘔吐，下痢，食欲不振，無気力，落ち着きのなさ，反復行動，聴覚低下，振戦など

■ その他の薬物

・クロニジン：$α_2$ アドレナリン受容体作動薬である。高血圧症治療薬であるが，交感神経抑制により，不安などに伴う衝動的な行動を抑制することが期待される。不安障害や音恐怖症，分離不安，恐怖性攻撃行動のイヌに対して，SSRIやTCAとの併用により恐怖由来の行動が減少したと報告されている。
・プロプラノロール：$β$ アドレナリン受容体拮抗薬（$β$ ブロッカー）である。高血圧症治療薬であるが，ヒトでは恐怖症や心的外傷後ストレス障害（PTSD）に対する症状改善報告があり，不安に伴う身体症状軽減に用いられることがある。イヌでの報告は少ないが，恐怖・不安に由来する問題行動に対して，その他の薬物や行動修正法とともに使用されることがある。

- プロペントフィリン：キサンチン誘導体である。脳循環改善と神経保護作用を持ち，高齢イヌの感情鈍麻や無気力に有効であることが報告されている。ただし，国内では，脳循環代謝改善薬としての承認が取り消されている。
- ニセルゴリン：α_1アドレナリン受容体拮抗薬である。脳血流の増加や血小板凝集抑制により脳循環を改善するため，ヒトの認知症（とくに脳梗塞後）の治療に用いられている。イヌにおいて，加齢に伴う問題行動に有効であったという臨床報告がある。
- ドネペジル：コリンエステラーゼ阻害薬。学習や記憶に関わるアセチルコリン濃度を増加させることで，ヒトにおいて認知機能の改善あるいは機能低下の遅延（認知症の中核症状の進行を抑制）をもたらす。イヌにおいて，高齢犬の作業記憶と学習を改善させることが報告されている。
- メマンチン：NMDA受容体拮抗薬。過剰なグルタミン酸の放出を抑え，脳神経細胞死を防ぐことで，ヒトにおいて徘徊・攻撃性・興奮といった認知症の周辺症状の改善がみられる。イヌにおいては，常同障害に対して有効であったという報告がある。

表 4-1　行動治療に適用されている薬物

分類	作用機序および特徴	主な副作用
選択的セロトニン再取り込み阻害薬（SSRI）	・セロトニン再取り込み阻害による抗うつ作用および抗不安作用 ・効果発現までに4〜8週間を要する ※TCA, MAOIとの併用禁忌	食欲低下、嘔吐、下痢、不眠、攻撃、不安、苛つき、けいれんなど
三環系抗うつ薬（TCA）	・セロトニン・ノルアドレナリン再取り込み阻害による抗うつ作用および抗不安作用 ・効果発現までに4〜8週間を要する ※SSRI, MAOIとの併用禁忌	鎮静、口渇、尿閉、便秘、体重増加、食欲低下、嘔吐、下痢、肝酵素上昇、不整脈、頻脈、けいれんなど
セロトニン$_{2A}$受容体拮抗・再取り込み阻害薬（SARI）	・セロトニン再取り込み阻害および5HT$_{2A}$/5HT$_{2C}$受容体拮抗による抗うつ作用や抗不安作用 ・H$_1$受容体およびα$_1$受容体遮断による鎮静作用 ※MAOIとの併用禁忌	鎮静、食欲増加、嘔吐、興奮など
アザピロン系薬	・5HT$_{1A}$自己受容体の作用増強による抗不安作用 ・効果発現までに数週間を要する	徐脈、消化器症状、常同行動など
ベンゾジアゼピン系薬	・GABA$_A$受容体の作用増強による抗不安作用および鎮静作用	鎮静、運動失調、食欲増加、多飲多尿、動揺、逆説的興奮、攻撃性増加
GABA$_A$受容体部分作動薬	・GABA$_A$受容体の作用増強による抗不安作用	運動失調、食欲増加、傾眠、攻撃性の変化（増強あるいは減弱）
GABA誘導体	・α2δリガンドとして電位感受性カルシウムチャネルに結合し興奮性神経伝達を抑制することによる鎮痛作用および抗不安作用	鎮静、運動失調
モノアミン$_B$酸化酵素阻害薬（MAOI）	・モノアミン酸化酵素βを阻害によるカテコールアミン系神経伝達の促進 ・SSRI, TCA, SARI, その他のMAOIとの併用禁忌	嘔吐、下痢、食欲不振、無気力、落ち着きのなさ、反復行動、聴覚低下、振戦など
その他	・α$_2$アドレナリン受容体の作用増強による交感神経抑制	高血糖、口渇、便秘、鎮静、攻撃、低血圧、虚脱、徐脈
	・βアドレナリン受容体拮抗による自律神経症状の抑制	徐脈
	・キサンチン誘導体 ・脳循環改善および神経保護作用	胃腸障害、肝障害
	・α$_1$アドレナリン受容体拮抗による脳循環改善	食欲低下、吐き気
	・コリンエステラーゼ阻害による認知機能改善	胃腸障害、徐脈、不整脈、錐体外路障害
	・NMDA受容体拮抗による過剰なグルタミン酸の放出抑制	ふらつき、けいれん、便秘、食欲低下、排尿回数の増加

第4章　行動治療の基本的手法

a; 国内での販売なし

一般名	用量	特記事項
フルオキセチン	犬 0.5〜2.0mg/kg q24h 猫 0.5〜1mg/kg q24h	・リコンサイル錠®：イヌの分離不安治療補助薬（日本、米国）
パロキセチン	犬 0.5〜2 mg/kg q24h 猫 0.5〜1.5mg/kg q24h	・抗コリン作用があるため、便秘や尿閉の副作用に注意する
フルボキサミン	犬 1〜2mg/kg q24h 猫 0.25〜0.5mg/kg q24h	・イヌやネコでの報告少ない
セルトラリン	犬 0.5〜4mg/kg q24h 猫 0.5〜1.5mg/kg q24h	・イヌやネコでの報告少ない
クロミプラミン	犬 1〜3mg/kg q12h 猫 0.25〜1mg/kg q24h	・クロミカルム錠®：イヌの分離不安治療補助薬（日本、米国）
アミトリプチリン	犬 1〜3mg/kg q12h 猫 0.5〜1mg/kg q12〜24h	・抗ヒスタミン・抗コリン作用が強い ・潜在的な掻痒や神経性疼痛が疑われる問題行動に対して好んで使われることがある
トラゾドン	犬 2.5〜10mg/kg prn or q8〜24h 猫 10〜30mg/kg prn or q12〜24h	・TCA、SSRIの作用増強 ・頓服使用の場合は、鎮静作用が主 ・PVPとして使用する場合は、通院開始60〜90分前に投与
ブスピロン[a]	犬 0.5〜2 mg/kg q8〜12h 猫 0.5〜1mg/kg q12h	・不安低下により、積極的になるため、ネコ同士の関係性が変わる可能性あり
ジアゼパム	犬 0.5〜2mg/kg q4〜12h 猫 0.1〜0.4 mg/kg q4〜12h	・ネコにおいて、特発性肝壊死の報告がある
アルプラゾラム	犬 0.01〜0.1mg/kg prn or q4〜12h 猫 0.0125〜0.025mg/kg q8〜12h	・短時間作用型 ・頓服の場合は、恐怖イベントの30分前投与
ロラゼパム	犬 0.02〜0.1mg/kg q8〜12h 猫 0.03〜0.08mg/kg q12〜24h	・グルクロン酸抱合のみで代謝される
イメピトイン	犬 10〜30mg/kg q12h or prn 猫 10〜30mg/kg q12h	・ペクシオン錠®：イヌの音恐怖症治療補助薬・抗てんかん薬（米国、欧州） ・音恐怖症に対しては、イヌでは恐怖イベント2日前〜イベント終了まで、ネコでは恐怖イベント5〜10日前〜イベント終了まで投与
ガバペンチン	犬 10〜30mg/kg q8 or prn 猫 3〜10mg/kg q8 or 5〜20mg/kg prn	・イヌにおいて、嵐恐怖症に対して使用する場合は、90分前に投与 ・ネコにおいて、PVPとして使用する場合は、通院開始90分前に投与
プレガバリン	犬 2〜4mg/kg q12h 猫 1〜5mg/kg q12h	・ネコにおいて、PVPとして使用する場合は、通院開始90分前に5mg/kgを単回投与
セレギリン	犬 0.5〜1mg/kg q24h（朝） 猫 0.5〜1mg/kg q24h（朝）	・Anipryl®：イヌの高齢性認知機能不全治療薬（米国） ・覚せい剤原料 ・ヒトのパーキンソン病治療薬
クロニジン	犬 0.01〜0.05mg/kg prn or q8〜12h	・SSRI、TCAとの併用で効果あり
プロプラノロール	犬 0.25〜3mg/kg q12h 猫 0.2〜1mg/kg q8h	・MAOIおよびベンゾジアゼピン系薬との併用で有効との報告あり
プロペントフィリン	犬 2.5〜5mg/kg q12h 猫 1〜3mg/kg q12〜24h	・Vivitoin®：高齢犬の行動改善薬（欧州） ・社会的関わりや精神面への効果はあるが、記憶に対する効果なし
ニセルゴリン	犬 0.25〜0.5mg/kg q24h 猫 0.25〜0.5mg/kg q24h	・ヒトの脳循環改善薬
ドネペジル	犬 0.1〜0.17mg/kg sid	・ヒトのアルツハイマー病治療薬
メマンチン	犬 0.3〜1mg/kg q12h	・ヒトのアルツハイマー病治療薬 ・イヌでは常同障害に有効との報告あり

■サプリメントおよび合成フェロモン製剤

　副作用や飼い主の意向などの理由で薬物療法が困難な場合には，サプリメントの使用やフェロモン療法も考慮に入れるとよい。薬物と比較すると効果に個体差がある，あるいは効果が弱い印象はあるものの，サプリメントは一般的に副作用が少なく動物の嗜好性が高い傾向にあり，合成フェロモン製剤を使用する場合は動物に直接投与する必要がないために使用しやすいという利点がある。

サプリメント（表4-2）

　不安軽減作用が期待されるサプリメントとして，アンキシタン®（L-テアニン），ジルケーン®（α-S1トリプシンカゼイン），PE GABA粒®（GABA）が挙げられる。L-テアニンは，グルタミン酸抑制およびGABA増強作用を持つことが示唆されており，恐怖症を示すイヌにおいて効果が報告されている。α-S1トリプシンカゼインはGABA受容体に結合することでGABA増強作用を有するとされ，不安障害のイヌおよびネコにおいて効果が報告されている。また，ストレスの関与が疑われるネコの泌尿器疾患用の療法食にも添加されている。GABAは，高齢犬における夜鳴きの改善，留守番中の吠えやパンティングの軽度の改善が報告されている。

表4-2　行動治療に適用されているサプリメント

商品名	主要な有効成分
アンキシタン®	L-テアニン
ジルケーン®	α-S1トリプシンカゼイン
PE GABA粒®	γアミノ酪酸
メイベットDC®	ω3不飽和脂肪酸（EPA・DHA）、ω6不飽和脂肪酸
ガードワン®	フェルラ酸、ヘスペリジン、ナリルチン、α-GPC
AKTIVAIT®	ホスファチジルセリン、ω3不飽和脂肪酸、ビタミンE・C、L-カルニチン、αリポ酸、コエンザイムQ、セレン
AKTIVAIT® CAT	ホスファチジルセリン、ω3不飽和脂肪酸、ビタミンE・C、L-カルニチン、コエンザイムQ、セレン

投与量は各製剤の商品ラベルを参考にすること

　高齢性認知機能不全に対して，国内ではメイベットDC®（EPA, DHA）がよく使用されてきた。エイコサペンタエン酸（EPA）およびドコサヘキサエン酸（DHA）は，ω3不飽和脂肪酸の一種であり，高齢犬における夜鳴きや認知機能の改善が示唆されている。近年では，抗酸化成分を中心にその他の有効成分を含むサプリメントが多く開発されている（AKTIVAIT®，AKTIVAIT®CAT，ガードワン®など）。また，中鎖脂肪酸を含み症状改善の報告がされている療法食（ニューロケア）なども販売されている。

合成フェロモン製剤

　ネコ用フェロモン製剤としては，フェリウェイ®（ネコフェイシャルフェロモンF3類縁化合物）がある。環境中の不安を下げることが期待され，スプレー行動の減少や動物病院における不安傾向の低下が報告されている。海外では多頭飼育のネコに対するFeliway® MultiCat，不適切な場所における爪とぎに対するFeliScratch®なども使用されている。

　イヌ用フェロモン製剤としては、アダプティル®（イヌアピージングフェロモン類縁化合物）がある。イヌがストレスを感じる環境や状況で使用すると、安心安全という知覚バイアスを与えストレス対処の手助けになることが期待される。

3 外科的療法

問題行動治療の際には，外科的療法が考慮される場合もあり，その中心は雄の去勢手術である。以下に外科的療法を挙げるが，去勢・不妊手術以外のものは対症療法に過ぎず，通常は行動修正法の補助として用いられる程度である。

■**去勢手術**：雄性ホルモンであるテストステロンが原因となる問題行動のいくつかは，去勢手術によって改善される場合がある。イヌについては，マーキング，マウンティング，放浪癖，同居しているイヌに対する攻撃，飼い主に対する攻撃に対して一定の効果が期待でき，ネコについては，放浪癖，ネコ同士のけんか，スプレー行動に対してかなり有効であることが報告されている（図4-4，4-5）。近年，大規模行動調査（C-BARQ）を用いて，去勢手術をしたイヌとしないイヌでの問題行動の違い，去勢手術時期や性ホルモンに暴露されていた期間の割合（去勢手術時週齢／調査回答時週齢×100）と問題行動の関連性が調べられた。その結果，去勢手術時期が遅いほど（性ホルモン暴露期間が長いほど），見慣れないものへの恐怖，ドアチャイムへの興奮，警戒／興奮吠え，見知らぬ人間に対する攻撃行動が少なく，室内の家具などに対する排尿（マーキング），物体や人間に対するマウンティングが多かった。この研究では，同一個体で手術前後の変化をみているわけではないので解釈が難しい部分もあるが，問題行動の治療のみを目的として去勢手術を考慮する場合には，行動学的診断をしっかりと行った上で，実施すべきかどうか，実施時期はいつかなどを検討するとよい。

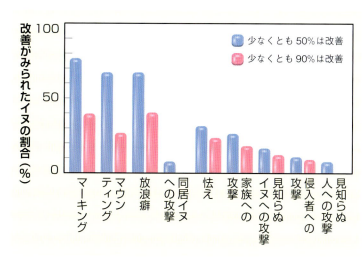

図4-4 イヌの問題行動に対する去勢の結果
（Neilson JC. *et, al*., 1997 より改変）

図4-5 ネコの問題行動に対する去勢の結果
（Hart BL. *et, al*., 1973 より改変）

■**不妊手術**：ネコにおける過度の発情行動に対する治療，イヌの偽妊娠によって定期的に高まる母性攻撃行動に対する治療以外の目的で不妊手術が問題行動の治療に用いられることはほとんどない。去勢手術の影響と同様に，大規模行動調査（C-BARQ）を用いて，不妊手術をしたイヌとしないイヌでの問題行動の違い，不妊手術時期や性ホルモンに暴露されていた期間の割合（不妊手術時週齢／調査回答時週齢×100）と問題行動の関連性が調べられた。その結果，不妊手術時期が遅いほど（性ホルモン暴露期間が長いほど），訪問

者に対する攻撃行動，ドアチャイムへの興奮，散歩中の引っ張りが少なかった。この研究では，同一個体で手術前後の変化をみているわけではないので解釈が難しい部分もあるが，これらのことより問題行動の治療のみを目的として不妊手術を考慮する場合には，行動学的診断をしっかりと行った上で，実施すべきかどうか，実施時期はいつかなどを検討するとよい。

■ **犬歯切断術**：大型犬は殺傷能力が高いため，過去に咬傷事故を起こした経歴をもつイヌに対しては，その犬歯を切断する手術が施される場合がある。実施に際しては行動学的診断をしっかりと行い，実施のメリットおよびデメリットを検討し，飼い主にも説明した上で同意を得るべきである。歯髄の露出による細菌感染や疼痛を防ぐために適切な処置のできる病院での治療が望ましい。

■ **声帯除去術**：過剰発声（吠え）が激しく，近隣からの苦情が絶えない場合に適用されることが多い。しかしながら，声帯を除去するだけでは吠えの誘発刺激に対する情動や動機づけを変化させることはできないため吠え行動そのものがなくなるわけではないこと，声帯は再生する可能性があることも飼い主に十分説明しておかねばならない。動物福祉の観点からも，過剰発声の治療に関しては，問題を抱えるイヌが吠える原因を追及し，その情動や動機づけを減じるような行動修正法の適用を第一選択肢とすべきである。

■ **前肢爪抜去術，前肢腱切断術**：ネコの攻撃行動や不適切な場所でのひっかき行動に適用される。これらの手術によっても問題を抱えるネコの動機づけは軽減しないため，人間側の被害が減じることはあっても問題行動が抑止されることはない。動物福祉の観点からも，行動修正法が優先されるべきであり，場合によっては爪カバーなどの適用を検討するとよい。

Column 13　行動治療に際して知っておくべき学習理論の基礎知識

　私達を含めた動物は，それぞれの種としての行動様式を備えているが，同時に各個体の経験により行動を変化させ，置かれた状況に適応しようとする。この経験による変化が学習であり，さまざまな動物に共通した一般法則が見出されている。以下に示す学習理論は，ほとんどの問題行動の発生に関与しており，問題行動の治療の主体となる行動修正法は，学習理論を応用した手法である。

馴化と感作（鋭敏化）

● **馴化（habituation）**

　通常動物は，新奇な刺激にさらされると驚いたり不安になるものであるが，この刺激が苦痛や傷害を与えるものでない場合は，繰り返し暴露されることで次第に反応が小さくなる（図1）。この過程を馴化とよび，一般的に若齢動物の方が高齢動物よりも馴化しやすいこと，小さな刺激の方が大きな刺激よりも馴化が起こりやすいことが知られている。また，次に述べる感作と比較し，馴化は刺激特定性があり，学習した刺激への反応は小さくなるが，他の刺激への反応は変わらない傾向が強い。

　イヌやネコが人間社会で暮らす上で，いずれ経験するであろうさまざまな刺激（大きな音，見知らぬ人間，車に乗ること，身体のさまざまな部位を触られることなど）への馴化を社会化期に開始することが勧められている。馴化を応用した行動修正法としては"洪水法"や"系統的脱感作"が挙げられる。

● **感作または鋭敏化（sensitization）**

　刺激を繰り返し暴露するという点では，馴化と同様だが，その刺激が動物にとって苦痛や傷害を与えるものであった場合は，刺激への反応が大きくなる（図1参照）。この過程を感作あるいは鋭敏化とよび，一般的に大きな刺激の方が小さな刺激よりも感作が起こりやすいことが知られている。また，馴化とは逆に，刺激特定性を示さず，学習した刺激と類似の刺激に対しても強い反応を示す刺激般化が起こりやすい。

　感作は，恐怖症をはじめとする様々な問題行動の発生に関与している。苦手な刺激に馴らそうと繰り返し刺激を呈示していても，動物が苦痛と感じる刺激であった場合には，感作が起こる可能性があり，その刺激を受ける動物にとってどの程度のレベルであるかが結果を左右することになる。

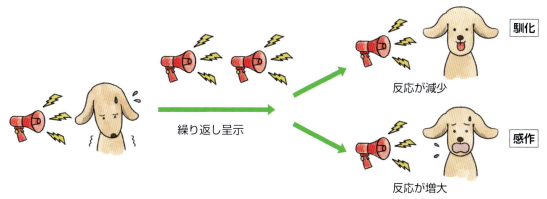

図1　馴化と感作
刺激を繰り返し呈示した結果，動物の反応が減少することを馴化，増大することを感作という。同じ刺激であっても，個体によって受け止め方は異なり，その動物にとってどの程度のレベルであるかによって結果が変わってくる。

古典的条件づけとオペラント条件づけ

● **古典的条件づけ（classical conditioning）**

　生得的反応である無条件反応を引き起こす無条件刺激と，この反応とはもともと無関係な中性刺激がともに呈示される（対呈示される）ことを繰り返すと，やがて中性刺激のみでも同様の反応を引き起こすようになる（図2）。これが，古典的条件づけであり，条件づけ成立後には中性刺激を条件刺激，また無条件反応を条件反応とよぶ。ロシアの研究者であるパブロフは，イヌにベルの音を聞かせながら食物を呈示することを繰り返すと，やがて食物を見せなくてもベルの音だけでイヌがよだれ（唾液）を流すようになることを発見した。古典的条件づけ成立のためには，中性刺激と無条件刺激の順番が重要であり，中性刺激の開始に少し遅れて無条件刺激が呈示される（順行条件づけ）と条件づけが起こりやすい。

　唾液分泌のような生理的反応だけではなく，快/不快といった情動反応も条件づけが成立する。例えば，フードの袋の音がするとイヌが尾を振り期待感たっぷりの表情を示す現象や，病院が苦手なネコが，キャ

リーケースをみただけで怖がり隠れてしまう現象などが典型的である。このように，動物が喜んだり怖がったりする反応を引き起こす刺激は，動物の反応の前に存在する刺激である。古典的条件づけを応用した行動修正法としては"拮抗条件づけ"が挙げられる。

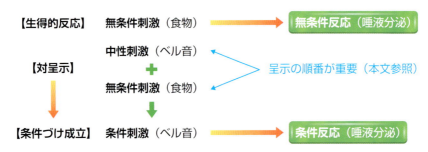

図2　古典的条件づけ
無条件刺激と中性刺激を繰り返し対呈示すると，中性刺激のみで反応がみられるようになる。これを古典的条件づけといい，有名な"パブロフのイヌ"の例では，無条件刺激が食餌，中性刺激（条件刺激）がベルの音，無条件反応（条件反応）が唾液の分泌である

● オペラント条件づけ（operant conditioning）
　動物が行動Aを示した後に，新たな刺激が出現したり，それまであった刺激が消失することを繰り返すと，それ以降，行動Aの発現頻度が変わる。これをオペラント条件づけとよび，動物は，行動Aに先行する刺激（弁別刺激：例えば，動物が置かれていた状況や行動Aを誘発するための合図）も合わせて学習する。オペラント条件づけには，行動Aに続く刺激の出現/消失，行動の増加/減少の組み合わせにより4つのパターンが存在する（図3）が，いずれのパターンでも刺激の出現/消失が行動Aに近接して起こるほど条件づけされやすい（即時強化，即時弱化）。なお，行動Aは動物の自発的な行動であり，行動Aの増減を起こす刺激は，動物の行動の後に出現/消失する刺激である。

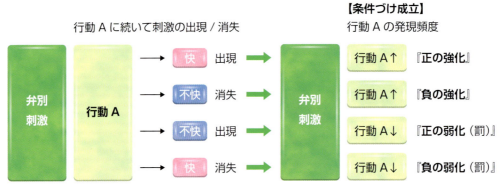

図3　オペラント条件づけ
ある状況下（弁別刺激のもと）で，ある行動（反応）を示した後に，刺激が出現/消失すると，その行動の発現頻度が増加/減少する。これをオペラント条件づけといい，刺激の出現は正，消失は負，行動の増加は強化，減少は弱化（罰）で表わされ，これらの組み合わせから4つのパターンが存在する

オペラント条件づけの4つのパターン
（1）正の強化（positive reinforcement）：行動の後に刺激が出現し，行動の発現頻度が増加した状態を指す。通常，このときに出現した刺激（正の強化子）は，動物にとって快刺激あるいは報酬となるものであり，動物は自身が行動Aをとった結果，新たに快刺激が出現したと学習し，行動Aを多く示すようになる。一般的な報酬を用いたトレーニングは正の強化を用いており，行動修正法の中の"行動分化強化"はオペラント条件づけの正の強化を応用したものである。一方，飼い主の意図に反して正の強化により問題行動を悪化させていることも少なくない。例えば，イヌが吠えた直後に注意することを繰り返し，吠える行動が増えた場合には，正の強化（刺激の出現と行動の増加のため）が起きていると考えられる。飼い主の注意（声かけ）が，イヌにとっては飼い主の関心を得ることができたという快刺激となっている可能性がある。

（2）負の強化（negative reinforcement）：行動の後に刺激が消失し，行動の発現頻度が増加した状態を指す。通常，このときに消失した刺激（負の強化子）は，動物にとって不快刺激あるいは嫌悪刺激であり，動物は自身が行動Aをとった結果，それまで存在していた不快刺激が消失したと学習し，行動Aを多く示すようになる。負の強化は，多くの問題行動に関与しており，例えば，足拭きが苦手なイヌが，足拭きしようとする飼い主の手を咬み，飼い主が思わず手を引っ込めたとすると，イヌは咬めば足拭きをされなくなる，つまり嫌悪的状況がなくなると学習し，足拭きの際に咬もうとすることが多くなる。また，見知らぬ人を警戒するイヌが郵便配達員に吠える場合，配達員は配達を終えて帰ったとしても，イヌは自身が吠えた結果，配達員が帰った（嫌悪的状況がなくなる）と学習していることが多い。

（3）正の弱化/罰（positive punishment）：行動の後に刺激が出現し，行動の発現頻度が減少した状態を指す。通常，このときに出現した刺激（正の弱化子/罰子）は，動物にとって不快刺激あるいは嫌悪刺激であり，動物は自身が行動Aをとった結果，新たに不快刺激が出現したと学習し，行動Aをあまり示さなくなる。理論的に問題行動の発現頻度を減少させ得るが，Column 14 で紹介しているように動物福祉の侵害，問題行動の悪化や飼い主と動物の関係性悪化などのリスクがあるため，推奨されない。

（4）負の弱化/罰（negative reinforcement）：行動の後に刺激が消失し，行動の発現頻度が減少した状態を指す。通常，このときに出現した刺激（負の弱化子/罰子）は，動物にとって快刺激あるいは報酬となるものであり，動物は自身が行動Aをとった結果，それまで存在していた快刺激が消失したと学習し，行動Aをあまり示さなくなる。例えば，「ハウス」の合図のもと，イヌがハウスに入ると遊びが終わる，ということを繰り返すと，「ハウス」と言われたときにハウスに入る頻度が減ってしまう可能性がある。また，甘噛みをしたら遊びを中断し無視する，ということを繰り返すと，甘噛みの頻度を減らすことができる。

強化子・弱化子の選び方

オペラント条件づけのどのパターンを利用したいのか，その動物にとって快刺激となるか不快刺激になるか，動物の行動の直後に出現/消失させることが可能なのか，などを考慮に入れ選択する必要がある。

一般的に，食物のように動物が生得的に欲するものは一次強化子とよばれ，クリッカー音や褒め言葉のように学習（古典的条件づけ）により正の強化子としての働きをもつようになったものは二次強化子とよばれる。また，物理的あるいは社会的な報酬を与えられることだけでなく，動物自身がその瞬間に示したい行動（生起確率の高い行動）を示して構わない状態にする，ということも正の強化子となる。例えば，散歩中にイヌが匂い嗅ぎをしたい状況で，「オスワリ」の合図のもと，イヌが座ったら，リードを延ばすなどして匂い嗅ぎできる状態にする，ということを繰り返すと，座る頻度が高くなるのである。

なお，満腹状態での食物や，疲れ切った状態での遊びなど，普段は快刺激であっても動物が置かれている状況によってはそのように作用しないこともある。このような刺激の価値の変化を利用し，快刺激の価値が高まるよう，練習場面を設定する（確立操作）ことも重要である。

強化スケジュール

強化したい行動に対して，毎回，正の強化子が出現するようにする（連続強化）ことで速やかに行動の増加がみられる。一方，ひとたび条件づけが成立した後は，正の強化子の出現頻度を徐々に少なくして不定期な強化（部分強化）に変更していくことで，消去（後述）が起こりにくく，学習が維持される。

オペラント条件づけの消去

オペラント条件づけの正の強化が生じた後に，学習した行動に対して全く強化子が与えられなくなると，その行動の発現頻度はオペラント条件づけ前の状態に戻る（図4）。ここで注意すべきことは，消去の過程において，ときに消去バーストという現象が認められる，ということである。消去バーストとは，これまで強化されてきた行動が突如として強化されなくなった場合，しばらくの間はその行動がより頻繁に認められる（バースト）ようになることである。この消去バーストは一時的なもので，反応は次第に減少して最終的に元の発現頻度に戻るが，部分強化が行われていた場合には，消去に時間がかかることが知

られている。飼い主にはあらかじめこれらの情報を正しく伝えておくことが重要であり、そうでないと提案した治療に不信感を抱いたり、消去バーストにより頻繁に激しくみられた行動に対して強化子を与えてしまう可能性がある。

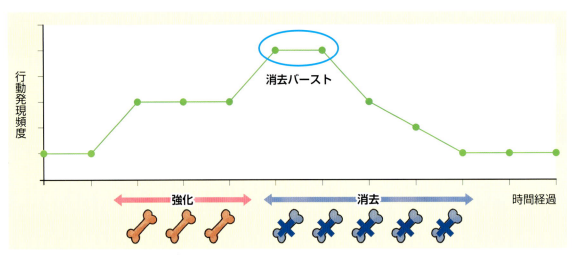

図4　オペラント条件づけの消去
オペラント条件づけの正の強化の後、学習した行動に対して全く強化子を与えない消去手続きを行うと、一時的な行動発現頻度の増加（消去バースト）を経て、元の状態に戻る。例えば、家族の食事中にイヌの"おねだり"に対して、人間の食物を与えることを繰り返していると、イヌの"おねだり"の発現頻度が増える。この"おねだり"をやめさせようと、飼い主が今後一切"おねだり"に対して食物（強化子）を与えない決意をした場合に、食物を与えなくなった（消去手続き開始）後の数日間は、イヌはそれまでよりも激しく"おねだり"をするようになる（消去バースト）。食物を毎回与えていた（連続強化）場合と比較し、ときどき与えていた（部分強化）場合の方が消去に時間がかかる

反応形成（shaping）

　正の強化により、動物に行動Aを多く発現してもらいたいと思った場合、そもそも行動Aを全く示さないと、正の強化子を付加することもできない。そこで、行動Aを最終的な目標とし、現時点で動物が示す行動を出発点とし、行動Aに近い行動を強化することで、段階的に新しい行動を作ることを反応形成という。例えば、クレートの中に入ってほしい場合に、まずはクレート内の扉付近におやつを置くことで、イヌがクレートに近づいたら報酬が得られるようにし、クレートに近づく行動を強化する。続いて、クレート内の少し奥におやつを置くことで、クレートに近づくだけでは食べれず、頭を入れたら報酬が得られるようにし、クレート内に頭を入れる行動を強化する。おやつの位置を段階的に奥側にすることで、イヌの全身がクレートの中に入るという目標行動に近い行動ほど強化され、最終的にクレートの中に入る行動が形作られるのである。

Column 14　体罰の弊害

　強く叱る，叩く，動物の首を掴むなど，動物に対して直接的に与える罰は飼い主には勧められない。こうした直接罰のなかでも体罰は一種の暴力であり，動物福祉を侵害する行為である。動物は体罰を受けることにより身体的だけではなく精神的な苦痛も感じるであろう。

体罰は以下のように多くの問題をはらんでいる。
・体罰は継続によって強度が増してしまう傾向があり，最終的に心身の障害を通り越して動物の生命を奪う危険性がある。
・動物は体罰を与える人，近くに存在する他者・動物・物などに対して強い恐怖心を抱くようになることがある。
・動物は体罰を避けるために攻撃行動（先制攻撃）を示すことがある。
・恐怖・不安などの情動が関与する問題行動の抑制に体罰を用いると，問題行動が悪化することがある。
・体罰を攻撃行動の抑制に用いると，逃げる・唸る・吠えるなど咬む前に示すはずの行動が消失し，突然飛びついて激しく咬みつくなどといった避けられない深刻な攻撃行動を示すようになる可能性がある。
・体罰による問題行動の抑制効果は，一時的で継続する可能性が低く，問題行動がのちに再発してしまうことがある。
・体罰による問題行動の抑制効果は，体罰を与えた人に限定されがちで他者に波及しないことがあり，体罰を与える人が存在しない状況下では効果がみられないことがある。
・体罰は，動物に何を行えばよいかという学習をさせることはできず，動物が葛藤を生じることにより他の問題行動を引き起こしてしまう原因となることがある。動物の気質によっては，自発行動を全く示さない「学習性無力」の状態を引き起こす原因となることもある。

　問題行動を治療する際には，体罰に依ることなく，動物福祉を損なわないよう，科学的な根拠に基づき，効果的で持続性があるしつけや行動修正の手法を用いるべきである。

　著者らが所属する日本獣医動物行動学会（旧 研究会）は2018年に体罰に反対するための声明を発しているので，以下のサイトも参照していただきたい。
　https://vbm.jp/seimei/85/

Column 15　動物行動学や臨床行動学を日々の診療に活用しよう

　臨床行動学というと，飼い主が日常生活の中で抱えている問題行動を治療するというイメージが強いだろう。本書にも当てはまるが，行動学のテキストでは，問題行動（診断名）のリストがあり，各問題行動の定義や治療法が列挙されているものが多く，実際に行動診療を実施している獣医師以外にとっては，専門的すぎる分野と思われることが多かったのではないだろうか。しかし，この15年ほどの間に行動学はその認知度が上がるとともに，一般診療や他診療科の獣医師にとっても身近な分野になったように感じる。大学における獣医学教育モデル・コア・カリキュラムの中に『動物行動学』と『臨床行動学』が組み入れられ，診療における動物への接し方や病院環境の整え方に関する情報（Low Stress Handling® や Fear Free® など）が普及したことで，行動学テキストの中に『動物病院における問題行動』の項目が設けられるようになった。近年では，医学的疾患や痛みと問題行動の関係性や健康状態とストレスの関連などをテーマとした論文や書籍（Veterinary Clinics of North America: Small Animal Practice, Volume 54, Issue 1, Volume 50, Issue 4 & 5）も増えている。また，国際猫医学会（International Society of Feline Society；ISFM）によるキャット・フレンドリー・クリニックの認定や，動物病院スタッフによる子イヌ・子ネコ教室の実施やそのアドバイザーの資格化（JAHA認定こいぬこねこ教育アドバイザー）なども影響しているだろう。著者らが所属する日本獣医動物行動学会（旧 研究会）においても，2021年より行動学にもとづく診療を行う獣医行動プラクティショナーの認定を開始した。また，2022年に愛玩動物看護師が国家資格化されたことで，獣医療関係者として動物の習性・ニーズ・情動の理解とこれらへの配慮が求められる状況になっている。このように行動学が様々な場面で役立つことは，行動学を専門とし動物と周囲の人間の幸せを願う者にとっては，非常に喜ばしいことである。

　日々の診療において動物行動学や臨床行動学をどのように活用できるか，概要を紹介する。まず，大げさではなく，動物病院は動物にとって嫌悪刺激の集合体である。痛みや馴染みのない刺激（馴染みのない人間，音，匂い，触覚刺激など），馴れない状況（高い反射する台に乗る，キャリーケースに入る，足下でじっと待つ）など，様々な種類の刺激がふりかかってくる。動物にとって無害な刺激を繰り返し呈示した場合には馴化が起こる（Column 13 参照）が，動物病院における刺激がこの条件を満たすのは難しい。つまり，何も対策をしなければ，動物は動物病院を不快な場所であると学習（古典的条件づけ）し，不快刺激を回避しようとする。これはいたって正常で適応的な反応であるが，獣医師としては困る行動であり，だからと言って動物をむりやり拘束して診察を行うことは人道的ではなく，次回以降により強い反応を引き起こす（感作）ことになる。以下に，動物病院でのストレス軽減のための対応や一般診療での動物行動学・臨床行動学の活用方法を列挙するが，獣医師，愛玩動物看護師，その他動物病院スタッフ，飼い主がチームとなって取り組むことが重要である。

①動物病院への良い印象づけ：古典的条件づけを利用し，動物病院スタッフやそこで行われる作業に対して積極的に良い印象づけを行う。例えば，動物病院スタッフと遊ぶ，動物病院スタッフからおやつをもらう，診察台の上でおやつをもらう，おやつを食べながら触診や保定をされる，などである。

【ポイント】
・快刺激（遊びやおやつ）が不快刺激（馴染みのない人間や触覚刺激）を上回るようにする。例えば，嗜好性の高いおやつを使用したり，空腹な状態で来院してもらったり，診察室ではなく待合室での練習から開始したりする方法がある。
・社会化期（イヌ；3〜12週齢，ネコ2〜9週齢）に開始するとスムーズである。
・パピークラスで実施したり，診察と関係なくおやつを食べに遊びに来てもらうような形から開始する。
・躊躇なく診察台の上でおやつを食べるようになったら，おやつを与える瞬間の動物の行動を意識し，診察や検査を実施しやすい姿勢をとったときに与えるようにするとよい（オペラント条件づけの正の強化）。例えば，後肢で立ち上がった際におやつをあげていたら，立ち上がる行動を強化してしまい，診察や検査を実施しにくくなる可能性がある。

②動物病院における嫌悪刺激を減らす：特に初回訪問時は，痛みを伴う処置は避けるべきである。急を要する処置でなければ，①③④をあらかじめ十分に実施することも検討するとよい。診察行為以外の嫌悪刺激については，次のように減らすことで，①を実施しやすくなる。例えば，診察台の上に自宅でよく使用しているタオルを敷く，イヌと出会わないようネコ専用の診察時間を設ける，動物を凝視したり上

から手を伸ばして触るような接し方はしない，怖がりの動物は待ち時間を減らす，床を滑りにくくする，などである。

③飼い主による自宅での練習：診察や検査に関わる触覚刺激（保定や採血時の駆血，皮下注射時の皮膚をつまむ刺激など）を飼い主が真似て自宅で実施することで，動物にとって馴染みのある刺激にすることができる。すでに動物が不快感を示すような場合には，①のような良い印象づけを行うとよい。特にネコの場合は，移動に用いるキャリーケースに対して良い印象づけをしたり（古典的条件づけ），ネコが自らキャリーケースに入ったら好ましいことがあるようにしてキャリーケースに入る行動を強化する（オペラント条件づけ）ことが勧められる。

④来院前投薬：動物の緊張が強い場合は，動物の不安を下げ適切に学習できる状態にするために来院前投薬が勧められる。具体的な薬物や用量は，第4章の薬物療法の項に記載の通りであるが，診察開始ではなく通院開始の時点で効果が発現しているように投与することが重要である。なお，投薬をすれば何をしてもよいというわけではなく，①②は常に実施しなければない。また，動物の反応が非常に強いものの実施すべき検査や処置がある場合には，これら経口薬だけではなく鎮静下での実施も考慮する。

⑤その他：攻撃的になる可能性があるイヌであれば，自宅におけるバスケットマズル装着の練習（Column 16 参照）が勧められる。ネコの診察時には，環境中の不安を下げる合成フェロモン製剤（フェリウェイ®）の使用やタオルラッピングによる保定を検討するとよい。

　これらは難しく感じるかもしないが，早い段階で①②に取り組み，飼い主の理解と協力を得ることが大切であり，動物の入院や介護が必要な状態になったときに必ず「やっておいてよかった」と病院スタッフも飼い主も感じることだろう。このような行動学の活用が，近い将来多くの動物病院において常識となることが望まれる。

第5章

イヌの問題行動

1 攻撃行動

1) 自己主張性攻撃行動
2) 恐怖性/防御性攻撃行動
3) 縄張り性攻撃行動
4) 所有性/資源防護性攻撃行動
5) 同種間攻撃行動
6) 捕食性行動
7) 特発性攻撃行動

2 恐怖/不安に関する問題行動

1) 分離不安
2) 恐怖症

3 その他の問題行動

1) 過剰発声（吠え）
2) 不適切な場所での排泄
3) 関心を求める行動
4) 常同障害
5) 高齢性認知機能不全

第05章 イヌの問題行動

1 攻撃行動

1) 自己主張性攻撃行動（self-assertive aggression）

自らの主張を通すために示す攻撃行動。攻撃行動によって相手が自分の思い通りに行動すると「正の強化」、また相手がひるむと「負の強化」が生じて攻撃行動が激化する。

飼い主に対する攻撃行動の多くは、以前は、優位性攻撃行動や支配性攻撃行動とよばれていたが、現在はそのような診断名が用いられることはない（Column 05 参照）。自己主張性攻撃行動の診断名が用いられる際に、攻撃行動が生じる一般的な状況として以下のようなものが挙げられるが、個体によって不快と感じる（こだわる）部分が異なるため、必ずしもすべての部分で攻撃的になるとはかぎらない。また、以下の状況で攻撃行動が生じたとしても、動機づけが異なる場合もあるため、文脈だけでなくボディランゲージなども考慮にいれて診断する必要がある。

攻撃行動が生じやすい状況
・イヌを見続ける。
・イヌを長時間なでる、肢端を拭く、抱き上げる、マズルや首筋、リードや首輪を触る。
・イヌが大切に感じている食べ物やおもちゃをとりあげる。
・イヌがお気に入りの場所（ソファやベッドなど）で眠っていたりくつろいでいるのを邪魔する。
・イヌが行きたい場所や欲しいものに近づけないようにする。

＜関連因子＞
■**性別**：雌に比べて雄に多いとの報告がある。
■**生得的気質**：生まれつきの気質により自己主張が強い個体が存在する。
■**飼い主と動物の間における明確なルールや日課、関係性の欠如**：飼い主がイヌをかわいがるあまり、イヌの要求すべてに応えていたり関わり方のルールが欠如していると自己主張性攻撃行動が発現しやすくなる。

＜診断＞
■攻撃の対象（飼い主や家族）や状況を詳細に検討して診断する。
■治療には攻撃を引き起こすきっかけ（誘発刺激）の同定が必要となる。
■攻撃行動を示す医学的疾患や他の攻撃行動（葛藤性攻撃行動、恐怖性/防御性攻撃行動、縄張り性攻撃行動、所有性/資源防護性攻撃行動、捕食性行動、遊び関連性攻撃行動、疼痛性攻撃行動、特発性攻撃行動など）との類症鑑別が必要である。

注）巻末に添付したイヌの飼い主に対する質問票の攻撃行動スクリーニング表（巻末資料）において1〜37の項目で攻撃性が強く認められる場合は，自己主張性攻撃行動である可能性があるが，このなかの一部でしか攻撃性が認められない場合も多いので注意が必要である。
注）自己主張性攻撃行動以外の問題を併せ持つ症例も少なくない。

＜主な治療方法＞

症例に応じて治療プログラムを作成するとよい。

- ■**安全対策**：周囲の人間の安全を考慮し，必要に応じて個別の部屋，サークル，クレートを利用したり，室内でリードでつなぐこと，口輪の装着などを検討する。その際，できるだけイヌのニーズを満たす工夫を同時に施すべきである。

- ■**攻撃行動が起こる状況の回避（刺激制御）**：繰り返し攻撃行動を引き起こしていると，イヌはそれによって自身の要求が通るあるいは嫌なことから逃れることができると学習してしまう（正の強化あるいは負の強化）ので，攻撃行動が誘発される可能性のあるすべての状況を特定し，できるかぎりそれらを避けるようにする。散歩からの帰宅後に肢端を拭こうとすると攻撃的になる場合は，足拭きを避け，代わりに玄関に濡らしたバスマットを敷いて，その上を歩かせて汚れをとるなどの対策を講じるとよい。また，リードの装着時に攻撃的になるような場合は，短いリードを常時装着して直接首輪に触らないように工夫してもよい。

- ■**体罰や強い叱責の禁止**：攻撃行動を悪化させかねないので体罰や強い叱責は禁止する（Column 14 参照）。イヌは社会的な動物なので，社会的な罰が有効となることがある。飼い主との社会的な関わりを求めて攻撃行動を示すような場合には，イヌに攻撃的な徴候がみられたら，「イケナイ」とか「ダメ」と言って部屋を出てイヌを無視するようにする。「ハウス」などの合図（音声によるコマンドやハンドシグナルなどを含む）が使える場合は，イヌをハウス（クレートやサークル）に誘導して無視をしてもよい。

- ■**飼い主とイヌの関係の再構築（報酬を利用した基礎トレーニング）**：自己主張性攻撃行動は，飼い主とイヌの関係に起因する部分が大きいため，基礎トレーニングの実施を勧める。基礎トレーニングだけで改善の徴候が認められない場合は，最初のうちはイヌが嫌がっている関わり合いはできるだけ最小限にしたうえで，以下のような特別な方法（NLF法）に移行する。

- ■**NLF法（Nothing in life is free program "生涯ただのものなどない" 法）**：イヌが何かを求める度に，必ず「オスワリ」などの合図を与え，イヌがその合図に従わないかぎりイヌの要求に応えないという方法である。イヌが何かを欲する場合には，飼い主が発する合図に従うことで，ご褒美として要求が受け入れられるという関係を学習してもらう。また，イヌが合図に従わない場合は立ち去ってイヌを無視することによって，イヌと飼い主の間の一貫性のあるルール作りに役立つ。

- ■**攻撃行動が起こる状況に対する系統的脱感作および拮抗条件づけ**：攻撃行動が起こる状況（誘発刺激）に対してイヌが嫌悪的な印象をもっているのであれば，イヌが不快反応を示さないようレベルを下げた誘発刺激とイヌにとっての快刺激を対呈示することで，系統的脱感作および拮抗条件づけを行う。これにより，攻撃行動が起こる状況に対する嫌悪感が減り，根本的な解決につながる。実施にあたり，攻撃行動が起こる状況（イヌの状態，攻撃対象，攻撃を引き起こす動作など）の同定と，その刺激を適切なレベルに調節し，イヌの反応に合わせて段階的に引き上げていくことが肝要となる。また，練習途中で攻撃行動

が起こるレベルの刺激に遭遇すると，再び誘発刺激に対する不快反応が生じるため，前述の刺激制御とあわせて実施しなければならない。

- **攻撃行動が起こる状況下での望ましい行動の強化（行動置換法）**：攻撃行動が起こる状況（誘発刺激）に対するイヌの印象は変えずに，表現方法を変える行動置換法が有効なこともある。つまり，誘発刺激に対して攻撃行動に代わる望ましい行動を示したら報酬を付加する（イヌの主張に応じる，など），という手続きを繰り返すことで，望ましい行動の発現頻度を増やすようにする。イヌが望ましい行動を示すためには，基礎トレーニングで覚えた合図を用いると実施しやすい。
- **去勢**：雄の場合，繁殖を希望しない飼い主に対しては去勢を勧める。去勢によって直接的に攻撃性の低下が認められることはないが，刺激反応性が低下したり，苛つきが減少することによって間接的な効果が得られることがある。

＜治療の助けとなる道具＞（ Column 16 参照）

- **バスケットマズル**：咬傷事故を防ぐため，そして安全に基礎トレーニングやその他の行動修正法を実施するために利用される。ただし，イヌが攻撃的になることなく装着できるようにするためのトレーニングが必要である。

2）恐怖性/防御性攻撃行動（fear/defensive aggression）

恐怖を感じたときに恐れや不安の行動学的・生理学的徴候を伴って生じる攻撃行動。

　生まれつき臆病で恐怖性/防御性攻撃行動を示すイヌもいるが，幼い頃に嫌な経験をしたり，社会化の機会が十分に与えられなかったイヌは怖がりになることが多いものである。こうしたイヌは怖いと感じる状況において常に緊張していなければならないため，原因となる恐怖心を取り除いてやらねばならない。通常，臆病なイヌは，唸ったり吠えたりするものだが，咬みつくことは稀である。それでも，自分がその恐怖的な状況から逃れられないことを感じた場合には，攻撃的にふるまう場合も少なくない。逃れるための方法として攻撃行動が有効であると学習してしまうと，恐怖のボディランゲージを示さずに，攻撃行動を示すようになることもある。

　大人であればイヌが示す不安の徴候（身体を低くしてうなったり，震えたりすること）に気づきそれ以上イヌを追いつめることはあまりないであろうが，子どもは，突然大きな声を出してイヌに近づいたり，イヌの耳や尾をつかんで引っ張ったりしてしまうものである。これが，臆病なイヌにとって脅威となることは容易に想像できよう。

　獣医師は，イヌが恐怖を感じている対象や不安になる状況をしっかりと把握してから治療に取りかかるべきである。

＜関連因子＞

- **生得的気質**：生まれつき恐怖や不安を感じやすい個体が存在する。
- **社会化不足**：生後3〜12週齢の社会化期に十分な社会化を経験していない場合は，成長後に新奇な環境や対象物に対して過度の恐怖や不安を感じるようになる。
- **過去の嫌悪経験**：過去（とくに社会化期や若齢期）に恐怖経験や不安経験を有すると新奇な環境や対象物に過度の反応を示すようになりがちである。

＜診断＞

- 攻撃の対象や状況（恐れや不安の行動学的・生理学的徴候を伴う）を詳細に検討して診断する。
- 治療には攻撃を引き起こすきっかけ（誘発刺激）の同定が必要となる。
- 攻撃行動を示す医学的疾患や他の攻撃行動（自己主張性攻撃行動，葛藤性攻撃行動，縄張り性攻撃行動，所有性/資源防護性攻撃行動，疼痛性攻撃行動など）との類症鑑別が必要である。

＜主な治療方法＞

症例に応じて治療プログラムを作成するとよい。

- **安全対策**：周囲の人間の安全を考慮し，必要に応じて個別の部屋，サークル，クレートなどを利用する。恐怖の対象（子どもや特定の音など）が隔離できる場合には，イヌが安心できる場所を提供することにもつながる。

- ■**攻撃行動が起こる状況の回避（刺激制御）**：繰り返し攻撃行動を引き起こしていると，イヌはそれによって恐怖から逃れることができると学習してしまう（負の強化）ので，攻撃性が誘発される可能性のあるすべての状況を特定し，できるだけそれらを避けるようにする。
- ■**体罰や強い叱責の禁止**：恐怖が増して攻撃行動を悪化させかねないので体罰や叱責は禁止する。
- ■**飼い主とイヌの関係の再構築（報酬を利用した基礎トレーニング）**：他の行動修正法へと移行しやすいよう，基礎トレーニングを利用する。
- ■**イヌをなだめることによる不安の強化の禁止**：イヌが怯えている際に飼い主がそれをなだめてしまうとイヌは怯えることがよいことであると理解してしまうことが多いので，禁止する。イヌが怯えている場合は，攻撃的な態度を示さなくても基礎トレーニングの合図（音声によるコマンドやハンドシグナルなどを含む）を与えてイヌをリラックスさせるようにする。
- ■**攻撃行動が起こる状況に対する系統的脱感作および拮抗条件づけ**：攻撃行動が起こる状況（誘発刺激）に対してイヌが恐怖心や危機感を抱いているため，イヌが恐怖反応を示さないようレベルを下げた誘発刺激とイヌにとっての快刺激を対呈示することで，系統的脱感作および拮抗条件づけを行う。これにより，攻撃行動が起こる状況に対する恐怖心が減り，根本的な解決につながる。実施にあたり，攻撃行動が起こる状況（イヌの状態，攻撃対象，攻撃対象の動作など）の同定と，その刺激を適切なレベルに調節し，イヌの反応に合わせて段階的に引き上げていくことが肝要となる。また，練習途中で攻撃行動が起こるレベルの刺激に遭遇すると，再び誘発刺激に対する不快反応が生じるため，前述の刺激制御とあわせて実施しなければならない。
- ■**攻撃行動が起こる状況下での望ましい行動の強化（行動置換法）**：系統的脱感作および拮抗条件づけを行っても，攻撃行動が起こる状況（誘発刺激）に対する恐怖心を完全になくすことは難しい。その場合，誘発刺激に対する恐怖心はありつつも，攻撃行動ではない別の行動による表現を促す行動置換法も有用なことがある（ただし，上記の系統的脱感作および拮抗条件づけが本来優先されるべき手法である）。実際には，誘発刺激に対して攻撃行動に代わる望ましい行動を示したら報酬を付加する，あるいは恐怖刺激を除去する，という手続きを繰り返すことで，望ましい行動の発現頻度を増やすようにする。イヌが望ましい行動を示すためには，基礎トレーニングで覚えた合図を用いると実施しやすい。
- ■**薬物療法**：必要に応じて抗不安薬（第4章 **2** 薬物療法参照）を処方する。ただし，現時点ではどのような薬物であっても適用外使用となるため，飼い主に同意を得る必要がある。また，飼い主が薬物療法を躊躇する場合は，抗不安作用のあるサプリメントや療法食，フェロモン製剤を使用してもよい。

＜治療の助けとなる道具＞（ **Column 16** 参照）
- ■**バスケットマズル**：咬傷事故を防ぐため，そして安全に基礎トレーニングやその他の行動修正法を実施するために利用される。ただし，イヌが攻撃的になることなく装着できるようにするためのトレーニングが必要である。

3）縄張り性攻撃行動（territorial aggression）

　庭，家の中，車など，自らの縄張りと認識している場所に近づいてくる，脅威や危害を与える意志のない個体に対してみせる攻撃行動。

　イヌは本能的に自らの縄張りを守ろうとするものであるが，家に入ってくる人や，家の前を通るイヌなどに対して攻撃をしかけるようになると問題である。たとえイヌを番犬として飼っているとしても，毎日のように訪れる宅配業者や郵便配達人，時々訪れる来訪者に対してまで吠えかかるようなら，飼い主ではなく訪問者も不快な思いをしたり身の危険を感じることとなる。
　この種の攻撃傾向を示すイヌは，吠えたりうなったりすることによって侵入者（訪問者）がいなくなることを学習しているものである。宅配業者や郵便配達人は用事が終わったことでその場を立ち去るのだが，イヌの方は自らの攻撃によって彼らを撃退したと理解するので，知らず知らずのうちに毎日イヌの学習が強化されてしまうのである（負の強化）。こうした場合，もし来訪者がイヌの攻撃に応じて立ち去らないようであれば，イヌはさらに攻撃の程度を強め，最終的には来訪者に咬みつくようになってしまう。吠えたりうなったりするだけのイヌより常に咬みつくようなイヌを治すことの方がより困難であることを理解しておかねばならない。
　また，この本来の習性を直してしまうと，番犬として役に立たなくなるのではと心配になる飼い主がいるかもしれないが，実際に飼い主が襲われたり不審者が侵入してくるような状況は，一般の人が訪れる場面と大きく異なるので，イヌがそれすら認識できなくなることはないであろう。

＜関連因子＞
- **犬種による遺伝的傾向**：ドーベルマン，秋田犬，ジャーマン・シェパード・ドッグなどの犬種は遺伝的に縄張り性攻撃行動を発現しやすい。
- **過度の縄張り防衛本能**：イヌが自らの縄張りを防衛することは本能的な行動であるが，遺伝のみならず経験・環境の影響により，強い縄張り防衛本能を示す個体もいる。

＜診断＞
- 攻撃の対象や状況（縄張りと認識している場所に人や動物が近づく，侵入すること）を詳細に検討して診断する。
- 治療には攻撃を引き起こすきっかけ（誘発刺激）の同定が必要となる。
- 攻撃行動を示す医学的疾患や他の攻撃行動（自己主張性攻撃行動，葛藤性攻撃行動，恐怖性／防御性攻撃行動，所有性／資源防護性攻撃行動など）との類症鑑別が必要である。

　注）添付のイヌの飼い主に対する質問票の攻撃行動スクリーニング表（巻末資料）において40〜45の項目で攻撃性が強く認められる場合は，縄張り性攻撃行動である可能性が高いが，このなかの一部でしか攻撃性が認められない場合は恐怖性／防御性攻撃行動である場合もあるため，確実に類症鑑別をせねばならない。
　注）縄張り性攻撃行動とともに自己主張性攻撃行動を発現している場合は，自己主張性攻撃行動の治療を優先させるべきである。飼い主が安心してコントロールできないイヌの治療は困難なものである。

＜主な治療方法＞
症例に応じて治療プログラムを作成するとよい。
- **安全対策**：周囲の人間の安全を考慮し，必要に応じて個別の部屋，サークル，クレートなどを利用し，イヌが自発的にその中に入るようトレーニングをして，来客時などにはそこで休息させる。一緒に生活する家族に対しても縄張り性攻撃行動が出てそれが激しい場合は一日中その中で生活させ，攻撃の対象が不在のときのみそこから出すなども検討する。
- **攻撃行動が起こる状況の回避（刺激制御）**：繰り返し攻撃行動を引き起こしていると，イヌはそれによって自分の縄張りを守ることができると学習してしまうので，攻撃行動が誘発される可能性のあるすべての状況を特定し，できるかぎりそれらを避けるようにする。来訪者や通行人や他のイヌを見かける（あるいはその気配を感じる）ことのできる玄関や庭につながれているイヌが攻撃性を示す場合は，来訪者が見えない裏庭につなぐとよい。また，屋内で飼育されているイヌの場合は，来訪者に対する"脱感作/拮抗条件づけ（後述）"が終了するまでは，窓から外が見えないようにしたり，奥の部屋で過ごさせるようにせねばならない。
- **体罰や強い叱責の禁止**：恐怖や警戒心が増して攻撃行動を悪化させかねないので体罰や叱責は禁止する。
- **飼い主とイヌの関係の再構築（報酬を利用した基礎トレーニング）**：他の行動修正法へと移行しやすいよう，まず基礎トレーニングを実施する。
- **攻撃行動が起こる状況に対する系統的脱感作および拮抗条件づけ**：攻撃行動が起こる状況（誘発刺激）に対してイヌは嫌悪的な印象をもっているため，イヌが不快反応を示さないようレベルを下げた誘発刺激とイヌにとっての快刺激を対呈示することで，系統的脱感作および拮抗条件づけを行う。これにより，攻撃行動が起こる状況に対する嫌悪感が減り，根本的な解決につながる。実施にあたり，攻撃行動が起こる状況（場所，攻撃対象，接近距離など）の同定と，その刺激を適切なレベルに調節し，イヌの反応に合わせて段階的に引き上げていくことが肝要となる。また，練習途中で攻撃行動が起こるレベルの刺激に遭遇すると，再び誘発刺激に対する不快反応が生じるため，前述の刺激制御とあわせて実施しなければならない。
- **薬物療法**：見知らぬ人間を攻撃する際に不安の要素が認められる場合にのみ，必要に応じて抗不安薬（第4章 **2 薬物療法**参照）を処方する。ただし，現時点ではどのような薬物であっても適用外使用となるため，飼い主に同意を得る必要がある。また，飼い主が薬物療法を躊躇する場合は，抗不安作用のあるサプリメントや療法食，フェロモン製剤を使用してもよい。

＜治療の助けとなる道具＞（ Column 16 参照）
- **バスケットマズル**：咬傷事故を防ぐため，そして安全に基礎トレーニングやその他の行動修正法を実施するために利用される。ただし，イヌが攻撃的になることなく装着できるようにするためのトレーニングが必要である。

4）所有性／資源防護性攻撃行動
　（possessive/resource guarding aggression）

　イヌ自身にとって価値があり大切と感じている資源（食器やおもちゃ，盗んだり自らみつけたもの，身近な人（家族の1人であることが多い）や動物を防護するために，脅威や危害を与える意志のない個体に対してみせる攻撃行動。なかでも食物に関連するものだけを防護する場合は，食物関連性攻撃行動として診断されることがある。

　自分にとって価値がある資源を守ることは生存にとっては必要不可欠であるため，この攻撃行動は正常な行動ともいえる。しかし家庭内でいくつもの物資や人間を防護して攻撃してくるようなイヌがいると，家族全員が安心して生活できなくなってしまうため問題となりやすい。また，イヌが物資を守っている状態であれば，飼い主がイヌの大切な物資を取りあげるつもりはないとしても，イヌの近くを通るだけでもイヌが攻撃的になることもある。

　縄張り性攻撃行動と同様に，物資や所有物に近づいたり触ろうとした相手に唸ったり咬みついたりすることで，所有物をとりあげられなかったという経験を繰り返すと，負の強化による学習が進み攻撃行動が悪化する。だからといって無理にとりあげたりすれば，より一層その物にこだわり防御しようとするだけだし，攻撃的なイヌを叱ってしまうと恐怖や不安を生じさせて恐怖性／防護性攻撃行動や不安による問題行動などを併発してしまうので，対応はイヌのいる場所に攻撃行動を誘発する物を置かないことが基本になる。

＜関連因子＞
- **年齢**：子犬や若齢犬は遊びの一種として物を探したり盗んだりして所有することが多いため，この問題行動が発現しやすい傾向にある。

＜診断＞
- 攻撃の対象や状況（イヌが所有して守る対象，所有に至った過程，攻撃が起こる場所など）を詳細に検討して診断する。
- 治療には攻撃を引き起こすきっかけ（誘発刺激）の同定が必要となる。
- 攻撃行動を示す医学的疾患や他の攻撃行動（自己主張性攻撃行動，葛藤性攻撃行動，恐怖性／防御性攻撃行動，縄張り性攻撃行動など）との類症鑑別が必要である。

　注）添付のイヌの飼い主に対する質問票の攻撃行動スクリーニング表（巻末資料）において8〜18の項目で攻撃性が強く認められる場合は，所有性／資源防護性攻撃行動である可能性が高いが，この中の一部でしか攻撃性が認められない場合は恐怖性／防御性攻撃行動である場合もあるため，確実に類症鑑別をせねばならない。

　注）所有性／資源防護性攻撃行動とともに自己主張性攻撃行動を発現している場合は，自己主張性攻撃行動の治療を優先させるべきである。飼い主が安心してコントロールできないイヌの治療は困難なものである。

＜主な治療方法＞
症例に応じて治療プログラムを作成するとよい。

- **安全対策**：周囲の人間の安全を考慮し，必要に応じて個別の部屋，サークル，クレートなどを利用する。
- **攻撃行動が起こる状況の回避（刺激制御）**：繰り返し攻撃行動を引き起こしていると，イヌはそれによって自分の所有物や資源を守ることができると学習してしまうので，飼い主が，イヌが攻撃的になる所有物を把握している場合は，それらを徹底的に管理してイヌの届く場所に置かないようにし，攻撃的になるのを避ける。物を盗みそうになった場合は，叱るのではなく，物を盗んだり守ったりする前に先回りして手を叩いたりして物から注意を逸らし，物から離れたところで好物のおやつなどを与えて食べている間に物をとりあげて隠すようにする。また，食物を守る場合には，一度に食べ切れる量しか与えない，イヌが食物を食べている間や食後の興奮がおさまるまではイヌに近づかないようにするとよい。

  また，すでに物を盗んだり守ったりしているイヌに対して好物のおやつをみせて物と交換するという対応は，その場では攻撃されずに物をとり返すことができてよい方法に思えるが，学習によって物を盗む・守るといった行動が強化されてしまう（正の強化）ことや，関心を求める行動を併発することがあり，恒常的な対応としては難しい。前述したように，あくまでもイヌが守りたがる物資の徹底的な管理を最優先すべきである。

- **体罰や無理にとりあげることの禁止**：攻撃行動を悪化させかねないので体罰は禁止する。また所有物を無理にとりあげようとすることも，攻撃行動を悪化させるだけでなく，取りあげられないように所有物を隠す/飲み込むなど新たな問題が生じる結果となるので禁止する。
- **飼い主とイヌの関係の再構築（報酬を利用した基礎トレーニング）**：他の行動修正法へと移行しやすいよう，まず基礎トレーニングを実施する。このトレーニングのなかに「リーブ」（下に落ちているものに近づかない）や「ドロップ」（口に入れたものを出す）なども加えるとよい。
- **攻撃行動が起こる状況に対する系統的脱感作および拮抗条件づけ**：攻撃行動が起こる状況（誘発刺激）に対してイヌは嫌悪的な印象をもっているため，イヌが不快反応を示さないようレベルを下げた誘発刺激とイヌにとっての快刺激を対呈示することで，系統的脱感作および拮抗条件づけを行う。これにより，攻撃行動が起こる状況に対する嫌悪感が減り，根本的な解決につながる。実施にあたり，攻撃行動が起こる状況（資源，攻撃対象，接近距離など）の同定と，その刺激を適切なレベルに調節し，イヌの反応に合わせて段階的に引き上げていくことが肝要となる。また，練習途中で攻撃行動が起こるレベルの刺激に遭遇すると，再び誘発刺激に対する不快反応が生じるため，前述の刺激制御とあわせて実施しなければならない。
- **イヌが物を所有している状況下での望ましい行動の強化（行動置換法）**：上記の系統的脱感作および拮抗条件づけが進み，イヌが物を所有している状態で人間が接近しても不快反応を示さなくなったら，行動置換法の実施を検討する。イヌが物を所有し続けるのではなく，それに代わる望ましい行動（例えば，くわえているものを離し，その場から離れる行動）を示したら報酬を付加する，という手続きを繰り返すことで，望ましい行動の発現頻度を増やすようにする。イヌが望ましい行動を示すには，あらかじめ系統的脱感作および拮抗条件づけが十分に行われ，基礎トレーニングで望ましい行動を誘発する合図（音声によるコマンドやハンドシグナルなどを含む）を教えておく必要がある。

＜治療の助けとなる道具＞（Column 16 参照）
- **バスケットマズル**：咬傷事故を防ぐため，そして安全に基礎トレーニングやその他の行動修正法を実施するために利用される。ただし，イヌが攻撃的になることなく装着できるようにするためのトレーニングが必要である。

5） 同種間攻撃行動（intra-species aggression）

　家庭内外において同種に対してみせる攻撃行動。本攻撃行動は対象による分類（動機づけによる分類ではない）であり，診断名として使用する際には，対象および動機づけを括弧内に記載すべきである（例：同種間攻撃行動（同居イヌ，恐怖性および序列関連性）など）。

　家庭内に複数のイヌがいる場合に，イヌ同士がけんかをはじめることは少なくない。この種の攻撃が多く認められるのは，イヌが小さいときはうまくいっていたにもかかわらず，成長するにつれてけんかが絶えなくなるといったケースである。とくに同じ犬種かつ同じ性別の場合は，イヌたち自身で社会的序列がつきにくいため，問題が深刻になりやすい。また，日本人には古来より判官贔屓（弱者に対して同情すること）の感情が存在するため，イヌ同士で序列がついていても，飼い主が小さくて弱いイヌの味方につくことで序列を乱すような介入をしがちである。日本人としては好ましく思われがちなこうした姿勢がイヌ同士の攻撃行動を悪化させかねないことを，飼い主に理解してもらわねばならない。

　また，散歩中にイヌが見知らぬイヌに攻撃をしかけることは意外と多いものである。飼い主が自らのイヌを完全に抑止できる場合は問題とならないことが多いが，大型犬種の場合や，飼い主が非力な女性の場合などで，他人のイヌにけがを負わせることになれば，深刻な問題へと発展しかねない。この種の攻撃行動についてはイヌの本能と理解して諦めて放置するのではなく，安全対策と状況回避を優先して実施しなければならない。

　他のイヌがいるところには近寄らないとか散歩時間を変更するなどの対策が十分に講じられない場合は，攻撃対象となるイヌの特徴を同定してから治療を開始するとよいが，必ずしも治療の最終目標が「どんなイヌとも仲良く挨拶する」ことにはならないことに注意すべきである。

家庭内におけるイヌ同士の攻撃行動
ここでは序列関連性について記載，他の動機づけによる場合は，該当する部分を参照のこと

＜関連因子＞
- ■イヌ同士の間における社会的序列の不足もしくは欠如：とくに犬種，大きさ，年齢，性別が同じ場合は，序列がつきにくいためイヌ同士の攻撃行動が発現しやすい。
- ■イヌの序列に対する飼い主の不適切な干渉：イヌ同士では確固たる序列がついているにもかかわらず，飼い主の都合や好みなどによって序列を逆転するような干渉を加えるとイヌ同士の攻撃行動が発現しやすくなる。

- ■**飼い主の愛情を求めてのイヌ同士の競合**：イヌ同士では序列がついていても飼い主への愛着が強すぎる場合はイヌ同士の攻撃行動が発現してしまう。
- ■**同性のイヌ同士**：社会的な序列がつきにくいために発現しやすいと考えられる。とくに不妊済雌同士の攻撃行動が一般的で深刻になると報告されている。

＜診断＞
- ■同一家庭内におけるイヌ同士の攻撃を確認して診断する。
- ■治療には攻撃を引き起こすきっかけ（誘発刺激）の同定が必要となる。
- ■序列関連性，恐怖性／防御性，所有性／資源防護性，遊び関連性など，動機づけについても診断する必要がある。

> 注）飼い主が在宅時のみに攻撃行動が生じる場合は，序列の不安定さが原因となっている可能性が高い。
> 注）イヌ同士の序列については飼い主の印象だけで判断してはいけない。必ず，根拠となる事象（先に食事をしたりマウンティングをするなどの優位行動やマウンティングを許容したり腹を見せるなどの服従行動の存在）を確認して判断すべきである。

＜主な治療方法＞
症例に応じて治療プログラムを作成するとよい。
- ■**安全対策**：人間およびイヌの安全を考慮し，必要に応じて個別の部屋，サークル，クレートなどを利用する。
- ■**攻撃行動が起こる状況の回避（刺激制御）**：この種の攻撃行動は，飼い主の帰宅時の興奮が引き金となる場合が多いものである。飼い主は，帰宅時にできるだけ平静を装い，すべてのイヌを無視するように心掛けねばならない。また，おやつやおもちゃなどイヌ同士で取りあいに発展しそうなものを不用意に与えないようにするとよい。
- ■**体罰の禁止**：攻撃行動を悪化させかねないので体罰は禁止する。
- ■**不適切な仲裁の禁止**：イヌ同士がけんかをしている場合は，両者とも興奮しているため，たとえ普段は従順なイヌであっても飼い主を咬んでしまうことがある。このような咬傷事故を防ぐため，飼い主はむやみに仲裁すべきではない。イヌ同士がいつけんかをするかわからない場合は，常に短いリードを装着し，仲裁する際にはそのリードを引いて止めるようにするとよい。ただしこの方法であってもリードをつかんだときに咬まれてしまう懸念はある。また，バスタオルやブランケットなどを常備しておき，けんかがはじまったらそれを投げて仲裁する方法もあるが，どちらかもしくはいずれのイヌにも恐怖を与えてしまうような脅かし方は禁物である。

  基礎トレーニングで教えた「ミテ」「オイデ」「ハウス」などを応用し，イヌの間で緊張感のあるボディランゲージがみられた時点で合図（音声によるコマンドやハンドシグナルなどを含む）を与え，イヌ同士が自らの意思で離れて所定の位置で待てるようにしていくとよい。
- ■**社会的序列の確立を幇助**：イヌ同士の序列が明らかな場合は，優位なイヌにすべての優先権を与える。例えば，優位なイヌに先に食事を与え，かわいがり，遊んでやるとよい。
- ■**飼い主とイヌの関係の再構築（報酬を利用した基礎トレーニング）**：飼い主がイヌの序列を判断できないのであれば，すべてのイヌが飼い主の合図に応じて行動するようになるために，基礎トレーニングを実施して飼い主とそれぞれのイヌの関係を再構築するとよい。
- ■**雄同士の場合の両者もしくは劣位なイヌの去勢**：去勢はイヌ同士の攻撃行動を低下させる

ことがあるので，飼い主が繁殖を希望していない場合は劣位なイヌの方から去勢を勧める。劣位なイヌを去勢することによって序列がより明確になるからである。ただしどちらが劣位か判断が難しい場合は，安易に手術を勧めず，まずは安全対策や基礎トレーニングなどをしっかりと実施する方がよい場合もある。

<治療の助けとなる道具>（ Column 16 参照）
いずれの道具もイヌが攻撃的になることなく装着できるようにするためのトレーニングが必要である。
- **バスケットマズル**：咬傷事故を防ぐために利用される。個体によっては，装着されることにより自らの武器が使えなくなったと感じて攻撃をしかけなくなる場合もある。
- **ヘッドホルター**：簡単な動作で飼い主の合図に応じさせることができるため利用される。イヌ同士のけんかがはじまった際も，あらかじめこれに短いリードを装着しておけば，安全かつ容易に仲裁することが可能となる。ただし，ヘッドホルターを装着しただけではイヌの攻撃行動を防ぐことはできないことに注意せねばならない。

家庭外におけるイヌ同士の攻撃行動
序列関連性，葛藤性，恐怖性／防御性，縄張り性，所有性／資源防護性など

<関連因子>
- **犬種による遺伝的傾向**：テリアや闘犬として育種繁殖されてきた犬種はイヌ同士の攻撃行動が発現しやすい。
- **性別**：未去勢雄で発現しやすいことが知られている。
- **社会化不足**：生後3〜12週齢の社会化期に他のイヌに対して社会化が十分に行われていないと，成長後に他のイヌを攻撃しやすくなってしまう。
- **過度の縄張り防衛や飼い主防護本能**：縄張り防衛本能や飼い主防護本能が強いイヌは，自らの縄張りや飼い主に近づくイヌに対して攻撃行動を発現しやすい。
- **拘束や過去の嫌悪経験**：散歩中などにリードが装着されていて自由に行動できず，さらにリードで制御や罰せられる経験を重ねることで，恐怖，不安，葛藤，欲求不満などが増加して他のイヌへの攻撃行動が悪化することがある。また，飼い主への転嫁性攻撃行動を併発することがある。
- **捕食欲求**：捕食欲求の強い比較的大きな犬が，小型犬を獲物に見立てて攻撃する場合もある（第5章 1 6）捕食性行動参照）。

<診断>
- 散歩時など，自宅以外の場所において他のイヌに対して見せる攻撃を確認して診断する。
- 治療には攻撃の対象となるイヌの特徴や攻撃を開始する距離の同定が必要となる。
- 序列関連性，葛藤性，恐怖性／防御性，縄張り性，所有性／資源防護性，遊び関連性など，動機づけについても診断する必要がある。

<主な治療方法>
症例に応じて治療プログラムを作成するとよい。
- **安全対策**：他のイヌがいるところには近寄らない，散歩時間を変更するなどといった対策

を講じる。必要に応じて，散歩時にはバスケットマズルを装着する。
- **攻撃行動が起こる状況の回避（刺激制御）**：繰り返し攻撃行動を引き起こしていると，イヌはそのような行動がよいものであると学習してしまうので，イヌが攻撃的になる状況を特定し，それらをできるだけ避けるようにする。例えば，攻撃対象となるイヌがいるところには近寄らない，散歩時間を変更するなどといった対策を講じなければならない。
- **体罰やリードなどによる嫌悪的な制御の禁止**：けんかをはじめてしまったイヌは非常に興奮しているため，体罰を与えようとしたり，リードを激しく引いて制御しようとする飼い主をも攻撃する危険性があるうえ，体罰や制御の意味を正確に理解することができない可能性が高い。このような理由で体罰や嫌悪的な制御は禁止し，代わりに橋わたし刺激（bridge-stimulus）を利用した社会罰を適用するとよい。具体的には，散歩中のイヌが唸るなど攻撃的なそぶりを示した場合には，直ちに低い音の出る笛を吹いたり，低い声で「ダメ」と言って忠告となる刺激を与え，散歩を中止して家に戻ってイヌを無視するのである。散歩を楽しみにしているイヌに対してはこのような罰が有効である。
- **飼い主とイヌの関係の再構築（報酬を利用した基礎トレーニング）**：他の行動修正法へと移行しやすいよう，まず基礎トレーニングを実施する。このトレーニングのなかには「ミテ」（相手のイヌではなく飼い主に注目する），「オイデ」（相手のイヌに向かっていくのではなく飼い主の後ろに下がる），「オスワリ＋マテ」（飼い主に注目しおとなしく座ったまま相手のイヌをやり過ごす）なども加えるとよい（括弧内は行動修正法で目指す到達点を示す）。
- **イヌ同士の距離に対する系統的脱感作および拮抗条件づけ**：他犬の存在や一定の距離に近づくことに対して嫌悪的な印象をもっている場合には，症例犬が不快反応を示さないようレベルを下げた刺激（例えば，おとなしいイヌが遠くに見える状態）と症例犬にとっての快刺激を対呈示することで，系統的脱感作および拮抗条件づけを行う。実施にあたり，攻撃行動が起こる状況（攻撃対象となるイヌの特徴，接近距離など）の同定と，その刺激を適切なレベルに調節し，症例犬の反応に合わせて段階的に引き上げていくことが肝要となる。また，練習途中で攻撃行動が起こるレベルの刺激に遭遇すると，再び誘発刺激に対する不快反応が生じるため，前述の刺激制御とあわせて実施しなければならず，少し慣れたからといって他犬に挨拶をさせようとすると振り出しに戻る危険性がある。この練習により，他犬に近づくことに対する嫌悪感を減らせる可能性があるが，実際に散歩中などで他犬に遭遇する際には相手のイヌが予想外の動きをすることもあるため，様々な状況や相手に対する練習が必要となる。
- **去勢**：雄の場合には去勢によって攻撃性の低下が認められることがあるので，繁殖を希望しない飼い主に対しては去勢を勧める。

＜治療の助けとなる道具＞（**Column 16** 参照）
- **バスケットマズル**：咬傷事故を防ぐため，そして安全に基礎トレーニングやその他の行動修正法を実施するために利用される。ただし，イヌが攻撃的になることなく装着できるようにするためのトレーニングが必要である。
- **ヘッドホルター**：簡単な動作でイヌの行動を制御するために利用される。とくにヘッドホルターはイヌの進行方向を容易に変更することが可能であるため，攻撃対象に突進する場合は有効である。ただし，ヘッドホルターを装着しただけではイヌの攻撃行動を防ぐことはできないということに注意せねばならない。

6) 捕食性行動 (predatory behavior)

　注視，流涎，忍び歩き，低い姿勢などに続いて生じる咬みつき行動。一般的な攻撃行動と異なり，イヌに情動的変化や威嚇などは認められない。

＊イヌにとっては正常な行動ではあるが，対象が小動物や子どもとなることもあり，また咬みつくという表現型が認められることから攻撃行動として配置した。

　イヌにとって小型の獲物を捕食することは本能行動であるため，この種の攻撃行動を防ぐことは困難である。とくに乳児は，常時ミルクの匂いがついている可能性もあって捕食性行動を誘発させてしまうことが多い。幼いイヌを購入し，将来他の小動物や子供と一緒に生活させる予定がある場合は，社会化期（生後3〜12週齢）に十分馴化させておく必要がある。獣医師は，捕食性行動についていかなる方法を用いてもイヌの本能的な動機づけを減じることが困難であることをまず認識し，期待できる効果は突然の咬傷事故を減じる程度でしかないことを飼い主に伝えておかねばならない。

＜関連因子＞
- **犬種による遺伝的傾向**：テリア，ハウンド犬種などは遺伝的に捕食性行動を発現しやすい。
- **過度の狩猟（捕食）本能**：個体によっては小さくて動くものはすべて獲物と認識してしまう場合がある。
- **乳幼児や小動物に対する社会化不足**：社会化期に乳幼児や小動物に対して社会化が十分に行われていないと，これらを獲物と認識するようになってしまう。

＜診断＞
- 乳幼児や小動物を対象とし，捕食性行動に連動して生じる咬みつき行動について，状況に応じて診断する。
- 攻撃行動を示す医学的疾患や他の攻撃行動（自己主張性攻撃行動，恐怖性/防御性攻撃行動，縄張り性攻撃行動，遊び関連性攻撃行動など）との類症鑑別が必要である。

注）たとえ攻撃対象が乳幼児や小動物であっても，それらに対してイヌが恐怖を感じている場合もあるので恐怖性/防御性攻撃との類症鑑別にはとくに注意を要する。

＜主な治療方法＞
症例に応じて治療プログラムを作成するとよい。
- **安全対策**：本行動は飼い主が気づかないうちに発現する可能性が高いので，徹底的な安全対策を講じる必要がある。具体的には，乳幼児や小動物の安全を考慮し，必要に応じて個別の部屋，サークル，クレートなどを利用すべきである。以前に一度でも捕食性行動を示したイヌに対しては，その対象とイヌだけになる環境を作り出してはならない。

- **捕食性行動が起こる状況の回避（刺激制御）**：繰り返し捕食性行動を引き起こしていると，イヌはそのような行動がよいものであると学習してしまうので，イヌが攻撃的になる状況を避けるようにする。対象をじっとみつめはじめるなど，捕食性行動が起こりそうになった場合は，叱るのではなく，手を叩いたり大きな音を鳴らしたりして注意を逸らせるようにする。
- **嫌悪条件づけ**：捕食性行動の対象が，ケージに入っている小動物やベビーベッドに寝ている乳幼児などであれば，ケージやベビーベッドにイヌが嫌悪する味や匂いを塗布しておくとイヌはその場所に近づかなくなる場合もある。
- **体罰や強い叱責の禁止**：咬みつき行動が飼い主に向かいかねないので体罰や強く叱責することは禁止する。
- **飼い主とイヌの関係の再構築（報酬を利用した基礎トレーニング）**：捕食性行動の衝動を少しでも制御できるよう，基礎トレーニングを利用する。このトレーニングのなかには「ミテ」（飼い主に注目する），「オイデ」（飼い主に集中して近寄る），「ハウス」（ハウスに入る）などの合図（音声によるコマンドやハンドシグナルなどを含む）も加えるとよい（先の2つの括弧内は行動修正法で目指す到達点を示す）。
- **捕食行動が起こりそうな状況下での望ましい行動の強化（行動置換法）**：基礎トレーニングが十分にできているようであれば，行動置換法を試してもよい。イヌが対象を見つめはじめたときに，「ハウス」の合図を与えて，ハウスに誘導するとよい。

＜治療の助けとなる道具＞（Column 16 参照）

- **バスケットマズル**：咬傷事故を防ぐため，そして安全に基礎トレーニングやその他の行動修正法を実施するために利用されるが，イヌが攻撃的になることなく装着できるようにするためのトレーニングが必要である。小動物や子どもに対する捕食性行動は本能的なものであるため，対象が存在する場所ではあらかじめバスケットマズルを装着する必要がある。

7) 特発性攻撃行動 (idiopathic aggression)

予測不能で、医学的検査でも行動学的分析でも原因が認められない攻撃行動。

　欧米において特定の犬種において特発性攻撃行動 (rage syndromeとも称される) が好発すると報告されてきたが、この種の攻撃行動が発現することは実際にはそれほど多くはないうえに、原因もいまだに解明されていない。行動診療を試みる獣医師ならば、飼い主の話を深く掘り下げて聞き、器質的疾患の有無や遺伝的素因なども調査しながら客観的に診断を下さねばならない。遺伝あるいは学習により威嚇行動 (唸る、歯をむく) の発現時間が短い個体も存在するので、攻撃の前兆がないからと安易に特発性攻撃と診断をするべきではない。とくに自己主張性攻撃行動や葛藤性攻撃行動、恐怖性／防御性攻撃行動との類症鑑別は重要である。

＜関連因子＞
- **犬種や個体による遺伝的傾向**：イングリッシュ・スプリンガー・スパニエル、イングリッシュ・コッカー・スパニエルなどは特発性攻撃行動を発現しやすいとされている。

＜診断＞
- 前兆を捉えることが困難で、あらゆる検査によっても原因が特定できない攻撃行動を確認して診断する。
- 自律神経系の興奮 (瞳孔散大、心悸亢進、呼吸促迫) などを伴うことがある。
- 腫瘍やてんかんなど脳の疾患により、きっかけが不明で突発的な攻撃行動が発現することがあるため、類症鑑別が必要となる。医学的疾患の存在が確認された場合は特発性攻撃行動とは称されない。
- 攻撃行動を示す医学的疾患や他の攻撃行動 (自己主張性攻撃行動、恐怖性／防御性攻撃行動、遊び関連性攻撃行動、捕食性行動、疼痛性攻撃行動など) との類症鑑別が必要である。

＜主な治療方法＞
症例に応じて治療プログラムを作成するとよい。
- **安全対策**：周囲の人間の安全を考慮し、必要に応じて個別の部屋、サークル、クレートなどを利用する。きっかけが不明で予測不能に起こる攻撃行動であるため、咬傷の危険度や深刻度によっては人間との完全な隔離を考慮する必要もある。
- **薬物療法**：鎮静および抗てんかん薬であるフェノバルビタールなどが利用されるが、この種の薬物は催眠作用も強く、イヌの一般的な活動性をも下げることになりかねない。
- **安楽死**：イヌが中〜大型で、攻撃の程度が激しい場合は、最終手段として安楽死という選択肢が存在することを飼い主に伝えねばならない。しかしながら、獣医師がこれを勧める前には必ず自らの診断に誤りがないことを慎重に確認する必要がある。

＜治療の助けとなる道具＞ (Column 16 参照)
- **バスケットマズル**：常時装着することで、咬傷事故を防ぐことは可能である。

2 恐怖／不安に関する問題行動

1) 分離不安 (separation anxiety)

飼い主不在時にのみ認められる過剰な吠えや遠吠え，破壊的活動，不適切な排泄といった行動学的不安徴候や嘔吐，下痢，震え，舐性皮膚炎といった生理学的症状。

イヌは社会的な動物なので，仲間を常に必要とするものである。飼い主の目をじっとみつめて尾を振りながら慕ってくるイヌをみているだけで幸せな気分になるものだが，たとえ飼い主がずっと自宅にいるとしても，常にイヌを連れて買い物にいくわけにはいかない。ましてや飼い主が外で働いている場合は，なおさらイヌに留守番をさせる時間が長くなってしまう。イヌが留守番をしている間に不安を覚えることは不思議なことではない。その原因はひとつとはかぎらず，子イヌの頃に留守番をすることに馴化しなかったことや，飼い主の毎日のスケジュールが突然変わったことなどが考えられている。もちろん理由がはっきりしないまま，段々と症状がひどくなる場合もある。

分離不安の症状は実に多彩であるが，主なものは，破壊行動，過剰吠え，普段では考えられない場所での排便や排尿などである。他にも，パンティング，震え，嘔吐，下痢，舐性皮膚炎などが認められる場合もある。ただし，飼い主がいるときにも上記の症状が認められる場合は，分離不安ではない可能性が高いので注意が必要である。

分離不安を示すイヌと飼い主の間には，しばしば過度の愛着関係が認められる。イヌは常に飼い主と行動を共にし，飼い主がトイレに入るときにもついていくことがある。多くの飼い主はこれらの行動を好ましく感じて対応するため，結果としてさらに分離不安を助長することになってしまう。

＜関連因子＞
- **飼い主の外出に対する馴化不足**：飼い主もしくはその家族が常に一緒にいる環境で育てられたイヌは，分離不安を発症しやすい。
- **飼い主における突然のライフスタイルの変化**：飼い主の就職などにより，これまでなかった長時間の留守番を突然経験するようになると分離不安を発症しやすくなる。
- **外出時や帰宅時における飼い主の愛情表現の過多**：飼い主が外出時や帰宅時に強い愛情表現を示すことでイヌに飼い主の在宅時と不在時の違いを強調して知らせることになり，結果として不在時のイヌの不安を増強することになってしまう。
- **年齢**：高齢犬は加齢に伴い不安傾向が高くなり，分離によるストレスを感じやすくなることがある。

<診断>
■飼い主の不在時に起こる過剰な吠えや遠吠え，破壊，不適切な排泄を確認して診断する。
■飼い主の在宅時にも認められる過剰な吠え，破壊行動，不適切な場所での排泄などとの類症鑑別が必要である。
■不安傾向を増加させる医学的疾患や不安による生理学的徴候と同様の症状が生じる医学的疾患との鑑別が必要である。なお，そのような医学的疾患と分離不安が併発する可能性があることにも注意すべきである。
■留守番中に経験した雷の音などの恐怖経験と留守番が結びつき（古典的条件づけ），留守番への不安が生じて発症するように，音恐怖症や音過敏症との併発も比較的多く認められる。飼い主は音恐怖症に関しては問題と思っておらず主訴にあがってこないこともあるため，詳細な聴取をして診断を下す必要がある。
■留守番時のみハウスや一室に閉じ込められることによる障壁に対する不満から激しい吠えや破壊行動が生じることもあり，分離不安とは鑑別して診断しなくてはならない。

注）多くの場合，分離不安の症状は飼い主の外出後30分以内に発現するため，ペットの見守りカメラなどによって留守番時の様子を確認するとよい。診察室にカメラが設置してある場合は，まず飼い主から外へ出てもらい，状況を確認してから病院のスタッフ全員が退室してイヌの様子を観察するとよい。

<主な治療方法>
症例に応じて治療プログラムを作成するとよい。
■**安全対策**：ドアや窓，ケージなどから外に出ようとしてイヌ自身が外傷を負う可能性があるため，ガラス製や金属製の扉に接近できないようにするなど，動物の安全を確保しなければならない。
■**不適切な罰の禁止**：たとえ帰宅時にものが壊されていたり，排泄されていたりしても叱るなどの罰を与えてはいけない。帰宅してからの罰は遅すぎるし，イヌの不安をさらに大きくしてしまうからである。
■**留守番の回避（刺激制御）**：留守番で不安を感じることを繰り返すと治療がなかなか進まないため，行動修正法などがある程度進むまでは，犬に留守番させないのが理想的である。例えば，イヌを連れて外出する，ペットシッターを雇用する，イヌを常に見守ってもらえる場所に預けるなどである。これらが不可能なこともあり，そういった場合は完璧な改善は望まず，ある程度の妥協も必要なことを飼い主に伝える必要がある。
■**散歩の頻度増加**：飼い主の外出中に排泄したくならないよう外出前に散歩に行って排泄機会を増やしてあげたり，外出中は疲れて眠っていられるように散歩の時間を長くしたりするとよい。
■**薬物療法**：抗不安薬（セロトニン調節薬やベンゾジアゼピン系薬，〈第4章❷薬物療法参照〉）を処方する。クロミプラミンやフルオキセチンは分離不安に対する治療効果が認められ，農林水産省より認可を受けた薬物である。ただし，これらの薬物のみでは治療効果がないので，あくまで行動修正法を補助する形で使用せねばならない。クロミプラミンやフルオキセチンの効果があらわれるまでの期間や系統的脱感作および拮抗条件づけ（後述）の途中で長時間の留守番が必要な場合や，飼い主の不在時にイヌがパニック様の症状を呈する場合は，ベンゾジアゼピン系の薬物やセロトニン$_{2A}$受容体拮抗・再取り込み阻害薬（SARI）であるトラゾドンを一時的に処方してもよい。ただし，ベンゾジアゼピン系薬はイヌの学習を妨げてしまう可能性があるので（第4章❷薬物療法参照），行動修正法の効果を減じ

てしまうかもしれない。また，飼い主が薬物療法を躊躇する場合は，抗不安作用のあるサプリメントや療法食，フェロモン製剤を使用してもよい。

- ■**飼い主とイヌの関係の再構築（報酬を利用した基礎トレーニング）**：他の行動修正法へと移行しやすいよう，基礎トレーニングを利用する。イヌが部屋から部屋へと飼い主についてまわるような場合は，基礎トレーニングの実施時間を増やして飼い主に対する依存心を少なくするよう心掛けねばならない。
- ■**外出に対する系統的脱感作および拮抗条件づけ**：飼い主の外出に対してイヌは不安を感じるため，イヌが不安反応を示さないようレベルを下げた外出（例えば，部屋のドアを開閉するだけ，など）とイヌにとっての快刺激を対呈示することで，系統的脱感作および拮抗条件づけを行う。これにより，外出に対する不安が減り，根本的な解決につながる。実施にあたり，外出という刺激を適切なレベルに調節し，イヌの反応に合わせて段階的に引き上げていくことが肝要となる。イヌの反応を確認するため，見守りカメラ等による撮影と，外出という刺激の持続時間に合わせた快刺激の準備（知育おもちゃなど）も必要となる。なお，練習途中で不安が高まるレベルの外出を経験すると，再び外出に対する不安が増すため，前述の刺激制御とあわせて実施したり，薬物療法を併用して外出に伴う不安の増加を抑えながら実施すべきである。
- ■**イヌが安心できる場所の提供**：イヌが安全だと感じることができる場所を用意してあげるとよい。イヌによってはドアが閉まって中から外が見えなくなるようなクレートなどが最適な場合もあれば，狭い場所では安心できない場合もある。ただし将来的にはクレートに馴らしておく方がよいので，クレート内で食事を与えるなどして徐々に中でリラックスできるように馴らしていくとよい。
- ■**外出を知る手がかりの排除（古典的条件づけの消去）**：これまでにイヌが飼い主の外出の前触れとして捉えていたような何らかの手がかり（例えば，鍵を持つ，電気を消す，靴を履くなど）があれば，外出をすることなくそれを繰り返し行って，イヌがそれらの行為を前触れと感じなくなるようにする。
- ■**外出時と帰宅時における興奮の抑制**：飼い主の外出時はイヌに不安を抱かせないようにそっと出ていき，帰宅時にはイヌを興奮させないように帰宅直後は無視をするとよい（イヌの興奮が完全におさまってから挨拶をするとよい）。

＜治療の助けとなる道具＞（ Column 16 参照）
- ■**イヌが夢中になれる特別なおもちゃや知育おもちゃ**：飼い主の出発時に特別なおもちゃ（タオルを結んで結び目におやつやフードを隠したもの，バスターキューブ，コングなど）を与えることによって，飼い主の外出と楽しい気分を結びつける（拮抗条件づけ）。ただし，このおもちゃを常に与えていると飽きてしまうので飼い主の外出時にだけ与えるようにせねばならない。
- ■**抗不安ジャケット（サンダーシャツなど）**：動物の身体を適度な圧力で包み込むことで，不安を軽減すると考えられている。

2）恐怖症（phobia）

特定の対象（雷や花火，場所など）に対して生じる過度で異常な恐怖反応。

雷や大きな音（掃除機の排気音や花火，オートバイの騒音など）に対して不安徴候を示すイヌは意外と多いものである。しかしながら，それが高じてパニック様の症状を示したり，窓ガラスを破って逃げ出すほどになると過剰な恐怖反応と考えられる。この種の問題では，1つの音に対する恐怖が般化されて類似した音のすべてに対して恐怖を感じるようになってしまう（刺激般化）ことが多い。ここでは主に音恐怖症について解説する。

＜関連因子＞
- **犬種や個体の遺伝的傾向**：音に敏感な牧羊犬や，特定の血統において生得的な恐怖を感じやすい個体が存在する。
- **社会化（馴化）不足**：生後3〜12週齢の社会化期に新奇な環境や音に対して十分な社会化が行われていない場合には，成長後に恐怖症を発症しやすい。
- **過去の嫌悪経験**：突然の雷や大きな音に対して恐怖経験を有する場合（とくに社会化期や幼若期）は，恐怖症を発症しやすくなる。
- **飼い主による不適切な強化**：イヌが恐怖症の徴候を示している際に飼い主がなだめると，そうした徴候が強化されて恐怖症が悪化してしまうことがある。

＜診断＞
- 特別な対象に対して生じる逃避・不安行動や震えなどの生理学的症状を確認して診断する。
- 恐怖や不安傾向を増加させる医学的疾患や，恐怖や不安による生理学的徴候と同様の症状が生じる医学的疾患との鑑別が必要である。なお，そのような医学的疾患と恐怖症が併発する可能性があることにも注意すべきである。
- 治療には恐怖を感じている対象の同定が必要となる。
- 関心を求める行動などとの類症鑑別が必要である。

＜主な治療方法＞
症例に応じて治療プログラムを作成するとよい。
- **安全対策**：ドアや窓，ケージなどから外に出ようとしてイヌ自身が外傷を負う可能性があるため，動物の安全を確保しなければならない。必要に応じて個別の部屋，サークル，クレートなどを利用する。恐怖の対象（雷や花火の音など）から隔離できる場合には，イヌが安心できる場所を提供することにもつながる。
- **不適切な罰の禁止**：恐怖からドアを壊すなどの破壊行動があったり，排泄の失敗があっても叱るなどの罰を与えてはいけない。この対応はイヌの恐怖や不安をさらに大きくしてしまうからである。

- ■**恐怖刺激の回避やマスキング音の利用（刺激制御）**：恐怖刺激への暴露を繰り返すとますます恐怖反応が増強する（感作が生じる）ため，恐怖刺激を特定し，できるだけそれらを避けるようにする。雷や花火の音のように，回避自体が難しい場合は，その音が目立たなくなるようなマスキング音を流し，恐怖刺激を制御することが勧められる。
- ■**薬物療法**：抗不安薬（セロトニン調節薬やベンゾジアゼピン系薬，〈第4章 2 薬物療法参照〉）を処方する。ただし，現時点ではどのような薬物であっても適用外使用となるため，飼い主に同意を得る必要がある。クロミプラミンやフルオキセチンの効果があらわれるまでの期間や系統的脱感作および拮抗条件づけ（後述）の途中で恐怖対象に暴露される可能性がある場合や，イヌがパニック様の症状を呈する場合は，ベンゾジアゼピン系の薬物やセロトニン$_{2A}$受容体拮抗・再取り込み阻害薬（SARI）であるトラゾドンを一時的に処方してもよい。ただし，ベンゾジアゼピン系薬はイヌの学習を妨げてしまう可能性があるので，行動修正法の効果を減じてしまうかもしれない。また，飼い主が薬物療法を躊躇する場合は，抗不安作用のあるサプリメントや療法食，フェロモン製剤を使用してもよい。
- ■**飼い主とイヌの関係の再構築（報酬を利用した基礎トレーニング）**：他の行動修正法へと移行しやすいよう，基礎トレーニングを利用する。イヌが怖がりで部屋から部屋へと飼い主についてまわるような場合は，基礎トレーニングの実施時間を増やして飼い主に対する依存心を少なくするよう心掛けねばならない。
- ■**恐怖の対象に対する系統的脱感作および拮抗条件づけ**：イヌが恐怖反応を示さないようレベルを下げた恐怖刺激（例えば，録音した雷鳴を小さい音量で再生するなど）とイヌにとっての快刺激を対呈示することで，系統的脱感作および拮抗条件づけを行う。実施にあたり，恐怖刺激を適切なレベルに調節し，イヌの反応に合わせて段階的に引き上げていくことが肝要となる。また，練習途中で恐怖反応を引き起こす刺激に遭遇すると，再び強い恐怖反応を示すようになるため，前述の刺激制御とあわせて実施しなければならない。そのため，予測や刺激の調整が難しい雷に対する恐怖症の場合は，雷シーズンを避けて練習を実施することが勧められる。なお，雷のように，恐怖刺激が複数の要素（音，光など）から構成され，その完全な再現が難しい場合には，この練習のみでの大きな改善は難しいことも理解しておく必要がある。
- ■**イヌをなだめることによる不安強化の禁止**：恐怖を感じて不安徴候を示しているイヌを優しくなだめると，イヌはそうすることが正しいことであると理解し，学習してしまう場合がある。恐怖を感じてイヌが自傷行為を行う場合以外は，飼い主は特別なことが起こっていないように振る舞うとよい。

＜治療の助けとなる道具＞（Column 16 参照）
- ■**抗不安ジャケット（サンダーシャツなど）**：動物の身体を適度な圧力で包み込むことで，不安を軽減すると考えられている。
- ■**犬用イヤーマフ**：大きな音に対する恐怖症の場合には，イヤーマフを装着することで刺激制御の一助となる可能性がある。

3 その他の問題行動

1）過剰発声（吠え）
（excessive vocalization, excessive barking）

不必要に繰り返される吠え。情動や動機づけによって警戒性，要求性などに分類される。

　以前はイヌを庭につないで番犬として飼う家が多かったが，現在は大型犬種であっても伴侶動物として屋内で飼育することが増えてきている。こうした状況のなかで，都会の集合住宅に住む飼い主にとって過剰吠えの問題は深刻なものへと発展しがちである。警戒吠えはイヌの本能に基づくものではあるが，過剰吠えが問題となる場合，何らかの学習（例えば，イヌが吠えることによって部屋に入ることができたり，不審者が立ち去る，散歩中に出会うイヌが遠ざかるなどの経験を繰り返すと，イヌの吠える行動は強化されてしまう）によって悪化しているケースがほとんどである。この種の問題をしつけ首輪を使って解決しようとする人もいるが，これは対症療法に過ぎず，一時的にイヌは吠えなくなるかもしれないが時間の経過とともに再発することが少なくない。この問題を治療しようとする獣医師は，一見大変そうに思えても，イヌが吠える動機づけを減じることが根治への近道であると認識しておかねばならない。そして，同じ個体でも状況によって動機づけが異なることや，複数の動機づけによって過剰吠えが生じることも少なくないことに注意したい。

＜関連因子＞
- **犬種による遺伝的傾向**：狩猟や牧羊・牧畜の目的で，吠えが望ましい行動として育種繁殖された犬種（ダックスフンド，ビーグル，テリア，コーギーなど）や番犬や護衛犬として育種繁殖されて警戒心が高い犬種では，過剰吠えの問題が生じやすい。
- **社会化不足**：馴化・社会化不足により刺激に反応しやすい個体では，過剰吠えの問題が生じやすい。
- **社会的促進**：他のイヌが吠えはじめるとそれに反応して吠え続けてしまう場合がある。

＜診断＞
- 飼い主や近隣の住人が耐えることのできない過剰吠えをもって診断する。
- 要求性，警戒性など，動機づけについても診断する必要がある。
- 治療には過剰吠えをはじめるきっかけ（誘発刺激）と警戒，要求，不安，興奮などの情動や動機づけの同定が必要となる。
- 分離不安，関心を求める行動などとの類症鑑別が必要である。

＜主な治療方法＞
症例に応じて治療プログラムを作成するとよい。
- **飼い主とイヌの関係の再構築（報酬を利用した基礎トレーニング）**：他の行動修正法へと移行しやすいよう，基礎トレーニングを利用する。
- **飼い主による強化の禁止**：イヌが興奮して吠えているときに飼い主までもが興奮して大きな声を出して止めようとすると，イヌは飼い主が同調してくれていると誤解し，ますます

吠えるようになってしまう。このような場合は，声を荒げて止めるのではなく，イヌを異なる場所に誘導して「オスワリ」の合図を出してイヌが素直に応じたらご褒美となるおやつを与えるとよい。警戒吠えの場合は，イヌが吠えるたびに部屋に入れたり，不審者が立ち去る，相手のイヌが遠ざかるなどの強化が与えられると，イヌは吠えることを学習してしまうので，このような機会を与えることがないよう心掛けねばならない。

- **体罰の禁止**：吠えはじめて興奮してしまっているイヌに対して体罰を加えることは攻撃行動を誘発しかねないので禁止する。
- **身体的・社会的欲求（本来あるべき理想的な状態：ニーズ）を満たす機会の提供**：イヌのニーズが満たされていない場合には，刺激への反応性が高まる可能性があるため，日常生活の中でニーズを満たす機会を増やす必要がある。具体的には，散歩や遊び，飼い主との関わりなどを増やすことが挙げられるが，屋外や他人が苦手なイヌの場合は，散歩がストレスになることもあるため，個体に合わせた方法を検討することが重要である。
- **過剰吠えが生じる状況の回避（刺激制御）**：可能な場合は，吠えだす前に先回りしてイヌを刺激から遠ざけるか，刺激を除去する。例えば，玄関近くにつないでいるイヌが，見知らぬ人が通る度に吠えるようであれば，イヌを屋内で飼育するか裏庭に移動する。電話やチャイムの音に反応して吠え続ける場合は，音量を下げたり音色を変更することで問題が解消することもある。散歩中に激しく吠える場合は吠える対象が少ない時間帯や場所を選んで散歩するように工夫する。
- **刺激に対する系統的脱感作および拮抗条件づけ**：吠えの誘発刺激に対してイヌが嫌悪的な印象をもっているのであれば，イヌが不快反応を示さないようレベルを下げた誘発刺激とイヌにとっての快刺激を対呈示することで，系統的脱感作および拮抗条件づけを行う。これにより，誘発刺激に対する嫌悪感が減り，根本的な解決につながる。実施にあたり，誘発刺激（イヌの状態，吠えの対象，吠えを引き起こす動作など）の同定と，その刺激を適切なレベルに調節し，イヌの反応に合わせて段階的に引き上げていくことが肝要となる。また，練習途中で強い不快反応が起こるレベルの刺激に遭遇すると，再び誘発刺激に対する不快反応が生じるため，前述の刺激制御とあわせて実施しなければならない。
- **誘発刺激下での望ましい行動の強化（行動置換法）**：吠えの誘発刺激に対してイヌが嫌悪的な印象をもっていないのであれば，誘発刺激に対するイヌの印象は変えずに，表現方法を変える行動置換法が有効である。つまり，誘発刺激に対して吠えに代わる望ましい行動を示したら報酬を付加する，という手続きを繰り返すことで，望ましい行動の発現頻度を増やすようにする。イヌが望ましい行動を示すためには，基礎トレーニングで覚えた合図（音声によるコマンドやハンドシグナルなどを含む）を用いると実施しやすい。

＜治療の助けとなる道具＞

- **しつけ首輪（スプレー，超音波，振動発生装置）**：以前は警戒吠えが激しい場合に利用されていたが，イヌが吠える動機づけを減じるわけではないため対症療法に過ぎず，長く着用すると馴れてしまったり，装着を嫌がるようになりがちであること，不安を感じて吠えている場合は，不安を増強しかねないことなどから，現在はあまり使用されない。また，使用する場合には行動置換法などの行動修正法と併用せねばならない。
- **ヘッドホルター**：簡単な動作でイヌの行動を制御するために利用される。イヌによってはこれを装着するだけで安心する場合もあるようである。ただし，イヌが嫌がることなく装着できるようにするためのトレーニングが必要である。吠えはじめた瞬間にリードをもち上げることによって，イヌの口が塞がり吠えることができなくなるため，行動置換法の際に利用してもよい。

2）不適切な場所での排泄（inappropriate elimination）

飼い主が想定していない不適切な場所における排泄。

一般的には，イヌにトイレのしつけを行うことはそれほど困難ではない。これは，もともとイヌに自らの巣を清潔に保つという生得的行動パターンが存在するからである。しかしながら，排泄行動は毎日のことだけに，屋内でイヌと暮らしている飼い主にとってこの種の問題が生じた場合の悩みは深刻である。この種の問題は，さまざまな要因によって発現するため，原因（関連因子）を特定してから対応する必要がある。

＜関連因子＞
- **トイレのしつけ不足**：とくに若齢動物ではしつけ不足による不適切な場所での排泄が多い。
- **入手前の排泄環境や経験**：入手前の排泄環境や経験（例えば寝床から十分に離れた場所で排泄できていたか，排泄物がすぐに片づけられる飼養管理下にあったか，トイレとしてどのような素材のものを使用していたかなど）によっては，常法でトイレのしつけを試みても特定の場所をトイレとして認識するのに時間がかかる個体も存在する。
- **服従性または興奮性排尿**：とくに若齢動物では服従を示すためもしくは興奮して失禁してしまうことがある。

＜診断＞
- 不適切な場所での排泄を確認して診断する。
- 医学的疾患（泌尿器疾患や消化器疾患）により不適切な場所での排泄が生じることがある（排泄頻度が増加していたり，排泄行動が自らコントロールできない場合は，失禁という形で不適切な場所での排泄が生じる）ため，類症鑑別が必要である。
- 分離不安，関心を求める行動，高齢性認知機能不全などとの類症鑑別が必要である。

＜主な治療方法＞
症例に応じて治療プログラムを作成するとよい。
- **医学的疾患の治療**：泌尿器疾患や消化器疾患による排泄障害に伴い，トイレでの排泄に対して嫌悪感を持つこともある。このような状態が疑われる場合には，直ちに適切な検査を行い，結果に応じた治療を施す。
- **不適切な罰の禁止**：トイレ以外で排泄をした跡を発見し，イヌを叱る飼い主もいるが，飼い主には，排泄終了から時間が経過してからの罰は無意味であることを十分理解してもらうべきである。イヌはこのような罰を自らの排泄行動と結びつけることができない。また，トイレ以外で排泄している最中に叱る場合でも，飼い主の前での排泄と罰を結びつけ飼い主に隠れて排泄するようになってしまうこともある。不適切な場所での排泄前徴候（場所の匂いを嗅いだり，排泄姿勢をとるなど）を飼い主が目撃した場合は，手を叩くなどしてイヌの気を逸らし，直ちに適切な場所へと連れていかねばならない。

- ■**散歩の頻度増加**：通常，成熟したイヌは1日2回程度の散歩で排泄を済ませてしまうものであるが，子イヌの場合や食事の繊維含有量によってはそれ以上の排泄機会が必要となることがある。散歩の頻度を試験的に増やしてみて不適切な場所での排泄が解消される場合は，イヌに応じた回数の散歩を行うか，屋内で排泄できるよう再しつけを試みる必要がある。
- ■**再しつけ**：しつけ不足が疑われる場合は，トイレの環境を見直し，適切なタイミングで誘導することにより，再しつけを試みる。
- ■**排泄場所の清掃**：しつけの初期には排泄場所を覚えさせるために，少量の排泄物をトイレに残すことが推奨されることもあるが，排泄物で汚れすぎたトイレを嫌がるイヌは多いものである。しつけがすでに済んでおり，イヌ用トイレが屋内に設置されている場合は常にトイレを清掃しておかねばならない。また，不適切な場所で排泄をした場合，清掃が不十分であるとそこをトイレと認識してしまうことがあるため，十分に清掃した後，忌避剤を噴霧もしくは塗布するか，その場所で食事を与えてみるとよい。
- ■**挨拶時の愛情表現抑制（刺激制御）または洪水法による馴化と社会罰**：服従性または興奮性排尿の場合は，イヌと出会う際（帰宅時や客の来訪時など）にイヌを興奮させないよう，無視をするか愛情表現を控えるようにする。イヌが怖がっているようであれば，低い姿勢で対応するよう試みる。

＜治療の助けとなる道具＞
- ■**忌避剤**：不適切な排泄場所が定まっている場合は，その場所において忌避剤を利用してもよい。

3）関心を求める行動（attention-seeking behavior）

飼い主の関心を得ようとする行動。実際には，軽くつつく，吠える，突進する，ものを盗む，食物をねだったり盗んだりしてクンクンと鳴く，人間に前肢をかける，歯を立てたり噛む，自身の体を舐めるといった行動がよくみられる。また，個体によっては，常同的な行動，幻覚的な行動，医学的疾患の徴候（跛行など）を示すこともある。

イヌが飼い主の関心を得ようとして訴えかけるような目をしたり，吠えてみたり，飼い主を前足でつついてみたりする行動は実にかわいいものであるし，飼い主がそれに応えてイヌを撫でてあげるのは無理からぬことである。しかしながら，飼い主の関心を得るためにしつこく足を舐める，跛行を示す，尾を追って繰り返し回るなどの行動を示すようになると，飼い主も喜んでいるわけにはいかなくなる。この種の問題を治療する際には，医学的疾患や常同障害との類症鑑別が重要である。

＜関連因子＞

- **飼い主の愛情過多や過干渉**：飼い主が常に動物をかまっている場合，その状況がなくなると関心を求める行動が発現することがある。
- **飼い主の関心不足**：逆に飼い主が動物を全くかまわない場合も，関心を求める行動が発現することがある。
- **飼い主による強化**：最初は自然な文脈で発現した行動であっても，飼い主が関心を与えることによってその行動が強化されるとともに，飼い主の関心を得るためにその行動を示すようになる。
- **飼い主の愛情をめぐる他の動物との競合**：複数の動物が飼育されている場合や，小さな子どもなどがいる場合には，飼い主の愛情を独占しようとして，関心を求める行動が発現することがある。
- **過去の医学的疾患**：過去に何らかの医学的疾患を経験し，その際に飼い主の愛情を占有したことがある場合，飼い主の関心を得ようとして当時と同じ症状を示すことがある。

＜診断＞

- 問題となる行動を確認するとともにその前後の状況を詳細に検討して診断する。
- 関心を求める行動として診断する場合には，イヌだけにした際に問題となる行動が発現しない（ビデオなどで周囲から人間が立ち去りイヌだけにしたときの様子を長時間撮影して判断するとよい）ことを確認すべきである。
- 医学的疾患，常同障害などとの類症鑑別が必要である。

<主な治療方法>
症例に応じて治療プログラムを作成するとよい。

- ■**飼い主とイヌの関係の再構築（報酬を利用した基礎トレーニング）**：この種の問題を抱えるイヌと飼い主の関係はこじれている場合が少なくない。基礎トレーニングを利用して正しい関係を樹立することが解決への近道である。
- ■**体罰の禁止**：問題となる行動に対して体罰を適用すると，それがイヌによって要求していた関心と認識されることや攻撃行動を誘発する恐れがあるため禁止する。代わりに橋わたし刺激を利用した社会罰を適用するとよい。具体的には，問題となる行動がはじまったときには，直ちに低い音の出る笛を吹いたり，低い声で「ダメ」と言って忠告となる刺激を与え，飼い主を含む家族がすべて部屋を出るなどして無視する。イヌは飼い主の関心を得るためにこの行動を発現しているためこの罰は有効となるのである。
- ■**身体的・社会的欲求（本来あるべき理想的な状態：ニーズ）を満たす機会の提供**：イヌのニーズが満たされていない場合には，刺激への反応性が高まる可能性があるため，日常生活の中でニーズを満たす機会を増やす必要がある。具体的には，散歩や遊び，飼い主との関わりなどを増やすことが挙げられるが，屋外や他人が苦手なイヌの場合は，散歩がストレスになることもあるため，個体に合わせた方法を検討することが重要である。また，イヌが問題となる行動を示した直後にこれらを提供してしまうと，問題行動が増す（正の強化が生じる）可能性が高いため，一日のなかのどのタイミングで提供すべきかも飼い主に伝えるべきである。
- ■**問題となる行動が起こる状況の回避（刺激制御）**：問題となる行動を起こし，飼い主の関心が得られたという経験を繰り返すと，さらに問題となる行動を起こすのは有効な方法だという学習が進むため，問題となる行動が起こる状況を特定し，できるかぎりそれらを避けるようにする。
- ■**問題となる行動の強化回避と消去**：問題となる行動に対して飼い主が関心をはらうとそれが強化につながってしまうため，問題となる行動が発現したら直ちにそれを無視しなければならない（消去）。個体によっては，飼い主が叱るという行為さえも飼い主の関心と結びつけてしまうことがある。関心を求める行動に関するすべての強化子を排除した場合に，一時的にその行動が激増する（消去バースト）ことがあるが，最終的にその行動は消去される（Column 13 参照）。激増した際に飼い主が無視という対応を諦めないよう，あらかじめ伝えておく必要がある。
- ■**問題となる行動が起こる状況下での望ましい行動の強化（行動置換法）**：問題となる行動が起こる状況下で，問題行動に代わる望ましい行動を示したら報酬を付加する（飼い主が関心を示す，など），という手続きを繰り返すことで，望ましい行動の発現頻度を増やすようにする。問題となる行動を起こしそうな段階（問題となる行動を実際に起こす前）で，基礎トレーニングで覚えた合図（音声によるコマンドやハンドシグナルなどを含む）を用い，イヌが望ましい行動を示すよう誘導するとよい。

4）常同障害（compulsive disorder）

　尾追い，尾かじり，影追い，光追い，実際には存在しない蠅追い，空気噛み，過度の舐め行動など，異常な頻度や持続時間で繰り返し生じる強迫的もしくは幻覚的な行動。肢端や脇腹を舐め続けると舐性皮膚炎（肉芽腫）が生じる場合もある。

　イライラして自身の尾を短時間追いかけたり，退屈しのぎに足先などを舐めるのは，一般的にみられる行動である。しかし，そのような行動が頻繁にあるいは長時間繰り返し生じると，食事をとる，散歩や遊びをする，休息するといったイヌの正常行動が十分に示せず生活に支障をきたしたり，自身を傷つけてしまうことになる。このような状態は，ヒトの強迫性障害（obsessive compulsive disorder：OCD）の症状に類似しており，原因（関連因子）や有効な薬物についても共通点がみられるものの，動物において強迫的な（obsessive）観念が存在するかどうかは不明である。そこで，我が国においては病態をより客観的に表す常同障害（compulsive disorder）という診断名が使用されている。

＜関連因子＞
- **犬種による遺伝的傾向**：犬種によって発症しやすい常同障害のタイプ（行動パターン）が存在する。
　　ブル・テリア（回転，尾追い，すくみ），ジャーマン・シェパード・ドッグと柴犬（回転，尾追い），グレート・デーンとジャーマン・ショートヘアード・ポインター（自傷，常同的に運動塀に沿って走る，幻覚），ダルメシアン，ロットワイラー，ジャーマン・シェパード・ドッグ（幻覚），ドーベルマン・ピンシャー（脇腹吸い），ボーダー・コリー（影を凝視），オーストラリアン・キャトル・ドッグ（尾追い），ミニチュア・シュナウザー（後躯確認），大型犬種（肢端舐性肉芽腫）
- **ストレス，葛藤，持続的不安**：強いストレス状態（環境による物理的ストレスや他の動物との関係などの精神的ストレスを含む），葛藤状態，不安状態が継続する場合に常同障害が発症することがある。
- **退屈，飼い主との相互関係不足**：誰にもかまってもらえず，退屈な状態が慢性的に続く場合に常同障害が発症することがある。
- **神経伝達物質の異常**：神経伝達物質であるセロトニンやドパミンの多寡や代謝異常により常同障害が発症することがある。
- **自己強化**：偶発的に常同行動が生じた際に，神経伝達物質であるエンドルフィンが放出され，それにより強化が生じるとその行動を繰り返すようになってしまうことがある。

＜診断＞
- 極端な繰り返し行動や幻覚的行動を確認し，問題となる行動の前後の状況を詳細に検討して診断する。

■医学的疾患（とくに皮膚疾患や神経疾患），関心を求める行動などとの類症鑑別が必要である。

> 注）関心を求める行動との類症鑑別の際には動画などでイヌだけにしたときの様子を撮影して判断するとよい。常同障害の場合は，イヌだけにしても問題となる行動が発現もしくは継続することが多い。

<主な治療方法>
症例に応じて治療プログラムを作成するとよい。

■問題となる行動が起こる状況の回避（刺激制御）：常同障害の場合には，きっかけなく行動が生じる場合もあるが，飼い主による行動記録日誌などを利用し，問題となる行動が起こる状況を特定し，できるかぎりそれらを避けるようにする。

■常同障害発現の背景に存在するストレス（バックグラウンドストレス）要因（Column 10 参照）の軽減：問題となる行動が生じる前の時期とそれ以降を比較したり，イヌの身体的・社会的欲求（本来あるべき理想的な状態：ニーズ）や5つの自由が満たされた飼育環境や生活習慣となっているかを調べ，バックグラウンドストレス要因を特定するとともに，できるかぎり軽減するようにする。とくに，常同障害の経歴が短い場合は，生活環境の変化を詳細に解析することで特定することが可能である。

■薬物療法：常同障害の場合は，薬物療法が必須となることが多い。抗不安薬（第4章 2 薬物療法参照）または抗エンドルフィン薬（オピオイド拮抗薬）を処方する。ただし，現時点ではどのような薬物であっても適用外使用となるため，飼い主に同意を得る必要がある。

■飼い主とイヌの関係の再構築（報酬を利用した基礎トレーニング）：この種の問題を抱えるイヌと飼い主の関係は，こじれている場合が少なくない。基礎トレーニングを利用して正しい関係を樹立することでイヌのストレス状態や葛藤，不安などを低下させ得ることがある。また，行動置換法へと移行しやすくなる。

■常同行動を引き起こす刺激に対する系統的脱感作および拮抗条件づけ：常同行動を引き起こす刺激に対してイヌは嫌悪的な印象を持っているため，イヌが不快反応を示さないようレベルを下げた誘発刺激とイヌにとっての快刺激を対呈示することで，系統的脱感作および拮抗条件づけを行う。これにより，誘発刺激に対する嫌悪感が減り，根本的な解決につながる。実施にあたり，誘発刺激（イヌの状態，刺激の種類や強さなど）の同定と，その刺激を適切なレベルに調節し，イヌの反応に合わせて段階的に引き上げていくことが肝要となる。また，練習途中で常同行動が起こるレベルの刺激に遭遇すると，再び誘発刺激に対する不快反応が生じるため，前述の刺激制御とあわせて実施しなければならない。

■常同行動を引き起こす刺激下での望ましい行動の強化（行動置換法）：常同行動を引き起こす刺激に対して，常同行動に代わる望ましい行動を示したら報酬を付加する，という手続きを繰り返すことで，望ましい行動の発現頻度を増やすようにする。常同行動を起こしそうな段階（常同行動を実際に起こす前）で，基礎トレーニングで覚えた合図（音声によるコマンドやハンドシグナルなどを含む）を用い，イヌが望ましい行動を示すよう誘導するとよい。

<治療の助けとなる道具>
■エリザベスカラー：尾をみつめることからはじまる常同行動（回転や尾追い）や自傷（尾への咬みつきや舐性皮膚炎）が認められる場合は，刺激制御や外傷予防のため，エリザベスカラーの装着が勧められる。ただし，エリザベスカラーの装着自体が強いストレスとなることもあるため，カラーの素材や形状の工夫が必要となることもある。

5）高齢性認知機能不全（geriatric cognitive dysfunction）

　夜中に起きてしまう，宙を見つめる，家や庭で迷う，トイレのしつけを忘れるなど，加齢によって生じる認知障害。北米では，5症状（DISHA：見当識障害〈Disorientation〉の発症，人間あるいは他の動物との関わり合い〈Interactions〉の変化，睡眠〈Sleep〉と覚醒周期の変化，トイレのしつけ〈House training〉や以前に学習した行動を忘れる，活動性〈Activity〉の変化あるいは不活発化）に分類されている。近年では不安〈Anxiety〉症状の増悪も加えられている。

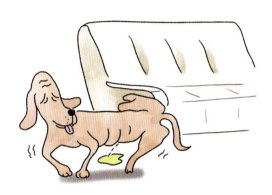

　近年の動物医療の発達に伴い，コンパニオンアニマルの寿命は長くなってきている。イヌでは大型犬種の方が短命である傾向は認められるものの，大型犬種であっても10歳齢を越えることは決して珍しくはない。このような状況を受けて最近はイヌにおける加齢性の行動変化が問題となりつつある。米国の調査では11〜12歳齢で47％，15〜16歳齢で86％のイヌに行動変化の徴候が，また11〜12歳齢で14％，15〜16歳齢で50％のイヌに認知機能不全の徴候が認められている。高齢になったイヌは，身体の自由が利かなくなったり，感覚が鈍くなるために，些細なことで不安が生じやすい。近年では，以前は問題のなかったイヌが高齢になってから突如分離不安を発症する問題が増加している。

＜関連因子＞
- 加齢：イヌの高齢性認知機能不全に関する調査において，加齢はリスク因子として報告されている。ヒトのアルツハイマー型認知症と同様，脳におけるβアミロイドの蓄積が確認されているが，病態は解明されていない。

＜診断＞
- 認知機能を評価する各種スクリーニング表を用いて，加齢性の行動変化を確認して診断する。
- 医学的疾患に起因する行動変化との類症鑑別が必要である。とくに感覚器疾患（白内障や高齢性難聴など）は，容易に行動を変容させるため，注意せねばならない。
- 分離不安，恐怖症，疼痛性攻撃行動などの行動学的問題との類症鑑別も必要である。

＜主な治療方法＞
症例に応じて治療プログラムを作成するとよい。

- ■**安全対策と環境整備**：高齢性認知機能不全になると，DISHAに示されるように幅広い症状がみられ，日常生活をこれまで通り送るのが困難になる。そのため，イヌが怪我や誤食をしないような安全対策（円形サークルや滑りにくいマットの使用など）と，飼い主の負担が少しでも軽減されるような工夫（オムツの使用など）が勧められる。また，不安の増加や身体機能の低下に伴い，不快反応を引き起こす刺激が増える可能性がある。イヌのボディランゲージを参考に，それらをできるだけ特定し，回避するとよい。これにより，困る症状のきっかけの排除（刺激制御）となったり，イヌの福祉の改善につながる。

- ■**運動や精神的刺激によるエンリッチメント**：ヒトの医療分野でも提唱されるように，イヌにおいても刺激の付加による脳の活性化が推奨されている。具体的には，身体活動，認知刺激，社会的刺激，正の強化にもとづくトレーニングなどが挙げらる。イヌの身体機能や認知機能に合わせて，太陽光を浴びながらの散歩，報酬を利用した基礎トレーニング，ノーズワーク（ Column 16 参照）などを取り入れるとよい。

- ■**トイレの再しつけや行動修正法の実施**：認知機能の低下が軽度な場合には，丁寧にトレーニングをすることで，解決する症状もある。例えば，トイレの再しつけ，曖昧になってしまった合図（音声によるコマンドやハンドシグナルなどを含む）の再トレーニング，恐怖刺激に対する系統的脱感作および拮抗条件づけなどを，イヌにとっての快刺激（報酬となる好物など）を利用しながら行うことで，問題となる症状への直接的な対処になるだけでなく，認知刺激や飼い主との関わりを増やす機会にもなることが期待される。

- ■**薬物療法**：不安の症状が強い場合は抗不安薬を処方する。またモノアミン酸化酵素β阻害薬（第4章 2 薬物療法参照）は高齢性認知機能不全の症状を緩和することが報告されている。ただし，現時点ではどのような薬物であっても適用外使用となるため，飼い主に同意を得る必要がある。また，飼い主が薬物療法を躊躇する場合は，抗不安作用や認知機能不全の症状軽減が期待されるサプリメントや療法食，フェロモン製剤を使用してもよい。

Column 16　行動修正法を助けるグッズ

■バスケット型の口輪（バスケットマズル）

　イヌの口吻部をバスケットで完全に覆ってしまう口輪。保定の際によく使用されるナイロン製の口輪と異なり，口角部を縛ることがないため，装着したままでもおやつなどの報酬を利用したトレーニングを行うことが可能である。またバスケット型は空気の通りがよく呼吸がしやすいのも特徴である。これまでに1度でも咬傷事故を起こしたことのあるイヌには適用を考慮すべきである。イヌの大きさや犬種に応じて異なるサイズが販売されているので，各個体に合ったサイズを選ぶようにする。

　無理やり口輪を装着してしまうとイヌに嫌悪感を与えてしまい，その後の装着を嫌がるようになってしまうので，購入したら装着トレーニングを実施することが必須である。

【口輪装着トレーニングの方法】

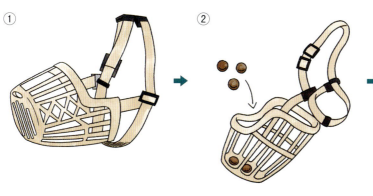

口輪にフードやおやつを入れる

フードやおやつが入った口輪をイヌに見せ，イヌが自分から口輪の中に鼻先を突っ込んでフードやおやつを食べるまで待つ。このときに口輪をもった手を動かしたり，無理にイヌに近づけてはいけない。あくまでもイヌのペースで食べさせるようにする

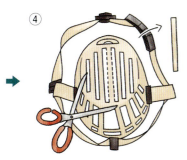

次に口輪の先端を切り取り，そこからフードやおやつを食べさせることができるようにする

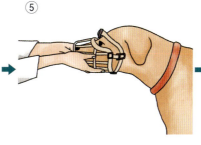

口輪の先端からおやつをみせ，イヌが自ら口を口輪に入れたところで手にもったおやつを食べさせる

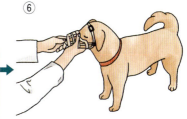

口輪の先端からフードやおやつを少しずつ食べさせている間にストラップを犬の頭にかける。犬が人間の動作を怪しまずに食べ続けていることが大切である

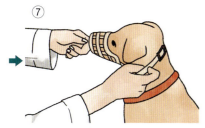

最終的には首の後ろでストラップを留める。カチッと留める音を聞いてもイヌがおやつを食べ続けていることが理想である

■知育トイ（コングなどひとり遊び用おもちゃやノーズワーク用おもちゃ）

普段あげているフードやおやつなどを入れてイヌにひとり遊びをさせるためのグッズである。

詰めたおやつを時間をかけて少しずつ舐めとることができるおもちゃや，イヌが転がすことで少しずつおやつが出てくるおもちゃなどが推奨される。

市販のおもちゃ以外では，家にあるタオルを使い，結び目を作って，そこに好きなおやつを隠したりペースト状のおやつなどを塗り込んで与えるのもよい。

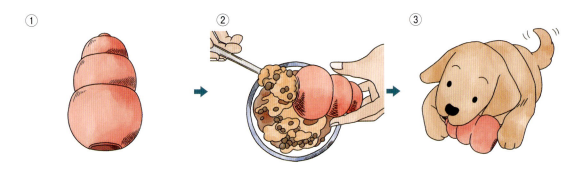

① 知育トイの代表格であるコング（KONG®）

② 知育トイへのおやつの詰め方：ドライフード，缶詰などのウェットフードなどを混ぜ合わせて少し粘り気が出るようにして中に詰める。このようにするとイヌが詰めたフードを舐めとるまでに時間がかかるのですぐに遊び終わらなくてすむ。また夏場など暑いときはフードを詰めたコングを冷凍庫に入れて中身を凍らせておき，冷凍コングを与えてもよい

③ 中にフードを詰めたらコングを与える。イヌはそれを舐めたり転がしたりかじったりしながらひとり遊びができる。コングは硬いゴムでできているため簡単には破壊できないが，かじる力が強いイヌはハードタイプのコング（色は黒）を与えると安心である

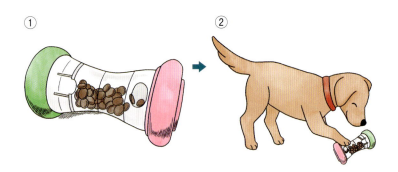

① 転がすタイプの知育トイ：知育トイの中には数か所穴が開いていて転がすと中に入れたドライフードが出てくるタイプのものもある。こちらもイヌが喜んで遊ぶが，丈夫な素材でできていないものもあるため，かじって破壊してしまわないか注意する必要がある

② 中に入れたドライフードを，鼻先や前肢を使って転がしながら出して食べるというひとり遊びができる

知育トイの代表的な活用目的は，パーソナルスペース内でひとり遊びをして満足させることである。

まずは散歩や遊びなどを通してイヌと飼い主との交流を行い，発散させる。それが終了した後に飼い主が忙しくて相手にできない時間や留守番時には，イヌ用のパーソナルスペースに入れておく。

スペース内に無理に入れるのではなく，フード入り知育トイを使って誘導し，喜んで中に入ったら知育トイをその中に入れてあげる。

知育トイに夢中になって遊んでいる間にサークルの扉を閉めてひとり遊びをさせる。イヌはおもちゃで遊んでいるうちに満足して眠くなりパーソナルスペース内で眠るようになる。

こうすることでクレートトレーニングも可能になるし，パーソナルスペース内での吠えや破壊行動などを防止することができる。

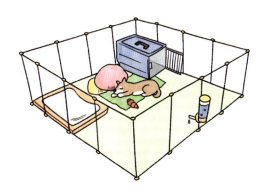

家の一部にイヌ用のパーソナルスペースを設置して，夜間の就寝時や留守番時はこの中で過ごせるようにする。飼い主が家事などで忙しくてかまってあげられないときや来客時などもこの中でおとなしく過ごせるようにするとよい。
スペース内にはクレート，トイレ，食器や水の容器などとともに知育トイを入れて遊ばせるとよい

クレート内など狭い空間でも知育トイで遊ばせるようにしておくとよい。日ごろからこのような空間で遊ぶことを覚えさせておくと，クレート（キャリー）のなかで遊ばせている間に車などで移動することができるため，移動中のストレスを軽減できる

　知育トイは分離不安の治療の際に使うこともある。分離不安の症状は，飼い主が外出して30分以内に発現することが多いため，この時間帯にイヌが飼い主の外出を忘れて夢中になってひとり遊びを楽しめる知育トイが有効となる。

　また知育トイは，出されたフードを一気に食べてしまう場合や肥満傾向のイヌにも有効である。おもちゃで遊びながら少しずつフードを食べることができるため，一気食いや過食を防止できる。

　他の知育トイとしてノーズワーク用のおもちゃもある。

　ノーズワークとは，イヌの嗅覚をフル活動させて，匂いを頼りに隠れているおやつを探し当てさせるゲームであり，宝探しゲームなどともよばれる。

　ひだ状になった布製マットにおやつを隠しイヌに探し食べをさせる方法，パズルの一部におやつを隠して探して当てさせる方法，複数の小さな箱・コップ・植木鉢などを用意し一部の中におやつを隠してイヌの前に並べ探し当てさせる方法などがある。

　ノーズワークをする際には，おやつを探させる前にオスワリをさせ「サガシテ」という合図で知育トイの匂いを嗅がせる。

　マットタイプは探し当てた時点で「イイコ」などと言いイヌを褒めておやつを食べさせる。

　それ以外のタイプではおやつの場所をイヌが探しあてた時点でイヌに再度オスワリの合図を出す。オスワリができたら「イイコ」などと言いイヌを褒めてそのパズル（または箱や植木鉢など）を開けて中のおやつを与えるようにする。これを繰り返すことでフードを探しあてたらイヌがその場に座って待つという行動を強化するトレーニングも同時にできる。

　飼い主と一緒にノーズワークをすることで，「サガシテ」「イイコ」と言われるまではおやつを食べたいという衝動的な欲求を自制することを教えられるので，例えば勝手に盗み食いや拾い食いをする行動や物を破壊する行動などを抑止することもできる。

布製マットの中におやつを隠すタイプ

パズルの中におやつを隠すタイプ

複数の容器の一部におやつを隠しイヌに当てさせるタイプ

■引っ張り防止トレーニング用のハーネス

　通常のハーネスと違い，背中側だけでなく胸側にもリングがついており，引っ張り防止トレーニングの際は胸側のリングにリードをつないで使用する。メーカーによって形状の違うものが発売されているので，着脱のしやすさや使いやすさなども考慮して選ぶとよい。

　これら引っ張り防止用ハーネスは，ただつけて散歩をさせれば引っ張りを防止できるわけではない。

　もしかしたら，むやみに使用することでイヌが散歩中に無理に後ろを向かされることになりストレスを与えるだけになってしまうかもしれない。よって，着用したら必ず引っ張らない＝飼い主の横を歩くためのトレーニングをする必要がある。

　最初のうちはこのハーネスにリードをつけ，さらに首輪にリードをつけたものも併用する。

　そしておやつを報酬に用いて、イヌが飼い主とアイコンタクトを取る行動や、横について歩く行動を正の強化法を用いて教えていく。

　トレーニングにはスキルを要するため，必ず獣医師やトレーナーの指示のもと，トレーニングしていただきたい。

引っ張り防止トレーニング用ハーネスを着用し，リードを胸側に着けている。飼い主の横を歩いているときに報酬を与えることで、犬が引っ張らずに歩く状態を強化する

■ボディラップ

　イヌの体幹を伸縮性のある布などで適度な圧力でやさしく包み込むボディラップは，イヌの不安を軽減し落ち着かせるために役立つといわれている。この原理を利用した製品などが発売されている（サンダーシャツ®）。

　これに包まれるとイヌは飼い主にやさしく抱きしめられていると感じて安心するのではないかなどと考えられている。

　雷雨時, 留守番時, 家の中や外で過度に興奮して落ち着きがなくなってしまう時などに使用する。

　まずは平常時に着用させてみてイヌが嫌がらないかなどを確認し，問題がなさそうであれば適用したい状況で使用する。平常時は装着を好んでも，適用したい状況だと嫌がる可能性もあるため，適用当初の数回はいつでも外せるように近くで見守るようにする。特に留守番時は，まず装着して短時間だけ外出し見守りカメラなどで様子を観察して犬の反応を確かめる必要がある。

ボディラップを着用しているイヌ

第6章

ネコの問題行動

1 攻撃行動

　　1）自己主張性攻撃行動
　　2）恐怖性/防御性攻撃行動
　　3）遊び関連性攻撃行動
　　4）縄張り性攻撃行動
　　5）転嫁性攻撃行動
　　6）愛撫誘発性攻撃行動
　　7）同種間攻撃行動

2 不適切な場所での排泄

　　1）不適切な場所での排泄
　　2）マーキング行動

3 その他の問題行動

　　1）不適切な場所でのひっかき行動

第6章 ネコの問題行動

1 攻撃行動

1) 自己主張性攻撃行動 (self-assertive aggression)

自らの主張を通すために示す攻撃行動。攻撃行動によって相手が自分の思い通りに行動すると「正の強化」，また相手がひるむと「負の強化」が生じて攻撃行動が激化する。

自分が重要だと認識している物資を得るためや，自分の予測や意思に反した状況または反した行動を相手にされたときなどに，自らの主張を通し思い通りにするために相手を攻撃するネコもいる。こうした攻撃行動には，欲求不満や葛藤といった情動や動機づけが関連していると考えられている。

＜関連因子＞
- 生得的気質：自信があり，自己主張がはっきりしている，あつかましいなどといった気質のネコに多いと考えられている。
- 早期離乳や社会化不足：本来なら母ネコが欲求不満に耐えることを教えるべきところを人工哺乳のために教えられなかったり，子ネコの時期の社会化が不足していたりすると発現しやすくなると考えられている。
- 飼い主と動物の間における明確なルールや日課，関係性の欠如：飼い主がネコをかわいがるあまり，ネコの要求すべてに応えていたり関わり方のルールが欠如していると自己主張性攻撃行動が発現しやすくなる。

＜診断＞
- 攻撃行動が生じるきっかけや状況，攻撃対象，欲求不満や葛藤を表わすネコのボディランゲージ，攻撃行動の結果ネコにとってどんなことがもたらされたかなど詳細な聴取をもとに診断する。
- 医学的疾患や他の攻撃行動（縄張り性攻撃行動，恐怖性／防御性攻撃行動，転嫁性攻撃行動，遊び関連性攻撃行動など）との類症鑑別が必要である。

注）主な攻撃対象はヒト（飼い主）であるが，同居ネコの場合もある。

＜主な治療方法＞
症例に応じて治療プログラムを作成するとよい。

- ■**安全対策**：個別の部屋やケージなどを利用し，攻撃が起こりやすい時間帯や状況では，おやつなどで誘導してその中に入っていてもらうようにするなど，ネコと人間の居場所を一時的に別々にして安全を確保した方がよい場合も多い。ただし無理やりそういった場所に入れようとするとかえって攻撃行動が悪化することがあるため，必ずネコの好物を利用し望んでその場所に入るように仕向けることが重要である。

- ■**攻撃行動が起こる状況の回避（刺激制御）**：繰り返し攻撃行動を引き起こしていると，ネコはそれによって自分の思い通りにできると学習してしまうので，攻撃行動が誘発される可能性のある状況を特定し，できるかぎりそれらを避けるようにする。攻撃的になった状況をしっかり記録に残し，そのようにならないように常に先回りして対応することが重要である。

- ■**警告徴候の察知と対応**：飼い主の怪我を防ぐため，ネコによる一般的な警告徴候（爪を出す，尾をパタパタと振る，瞳孔が開く，筋肉を緊張させる，軽く唸るなど）を飼い主が理解し，それをいち早く察知して，それ以上ネコに関わらないよう指示する。具体的にはネコをみない，声をかけない，触らないなどである。危険を避けるためにネコから離れる際は，慌てて逃げようとすると攻撃の対象となることがあるため，ゆっくりと動くことを心掛ける。

- ■**体罰や叱責の禁止**：攻撃行動を悪化させ，恐怖性/防御性攻撃行動など新たな問題行動の原因にもなるため，体罰や叱責は禁止する。

- ■**ネコにとって快適な環境づくり**：「ネコにとって快適な環境のための5つの柱（ Column 17 参照）」に則って，ネコが生活の中でなるべく欲求不満や葛藤を感じることなく快適に生活できるようにすることが，何よりも大切なことである。

- ■**報酬を利用したトレーニング**：イヌよりも困難ではあるものの，ネコによっては「オイデ」，「オスワリ」，「オリテ」，「ハウス」などといったことを教えられる場合もある。ネコが特別に好むおやつがある場合は試してみるとよい。攻撃行動が起こる場面でこのような合図（音声によるコマンドやハンドシグナルなどを含む）を用いることで，ネコとの意思疎通がはかりやすくなるだろう。ただし決して猫に欲求不満や葛藤を与えないようにしなくてはいけないため，教えているときは猫のボディランゲージなどをしっかり観察しサインを読みとる必要がある。

- ■**外科的治療**：欧米ではこの問題における人間の怪我のリスクを軽減するために，抜爪術や腱切断術が適用されることもある。しかしこれは根本的解決にはならず，引っ掻かれることはなくなっても咬まれる危険性は残るため，前述のような行動療法が必須となる。

2）恐怖性／防御性攻撃行動（fear/defensive aggression）

恐怖を感じたときに恐れや不安の行動学的・生理学的徴候を伴って生じる攻撃行動。

ネコにおいても恐怖性の攻撃行動は存在する。ネコは，もともと単独行動をする動物種であるため警戒心が強くイヌほど社会性が高いわけではないうえに，社会化期もイヌよりも短いため怖がりになる可能性が高い。恐怖を感じた場合には逃げたり隠れたりする個体も多いが，恐怖のためにその場で固まって動かないこともある。隠れたり固まったりしているのは怖いからであるということに思いが至らない人間が無理やり抱くなどネコを追いつめてしまった場合や，逃げ場を失って威嚇しているネコを叱ったり体罰を与えたりした場合に，防御的な攻撃行動に転じることが少なくない。

＜関連因子＞
- **生得的気質**：生まれつき恐怖や不安を感じやすい個体が存在する。
- **社会化不足**：生後2〜9週齢の社会化期に十分な社会化を経験していない場合は，成長後も新奇な環境や対象物に対して過度の恐怖や不安を感じるようになる。
- **過去の嫌悪経験**：過去（とくに社会化期や若齢期）に恐怖経験や不安経験を有すると，以降新奇な環境や，恐怖を経験した対象物およびそれに関連する刺激や状況などに過度の反応を示すようになる。

＜診断＞
- 攻撃の対象や状況（恐怖や不安の行動学的・生理学的徴候を伴う）を詳細に検討して診断する。
- 治療には攻撃を引き起こすきっかけ（刺激）の同定が必要となる。
- 医学的疾患や他の攻撃行動（自己主張性攻撃行動，縄張り性攻撃行動，転嫁性攻撃行動，捕食性行動など）との類症鑑別が必要である。

> 注）攻撃対象はヒト（飼い主だけではなく，見知らぬ人間や子どもも含まれる）や同居ネコだけでなく，同居している他の動物（イヌなど）の場合もある。

＜主な治療方法＞
症例に応じて治療プログラムを作成するとよい。
- **安全対策**：周囲の人間の安全を考慮し，必要に応じて個別の部屋，ケージなどを利用し，おやつで誘導してネコをその中で過ごさせる。これはネコにとって安心できる場所を提供することにもつながる。逆に恐怖の対象（子どもや特定の音など）が隔離できる場合には，ネコのいる場所からそれらを排除するのもよい。
- **攻撃行動が起こる状況の回避（刺激制御）**：繰り返し攻撃行動を引き起こしていると，ネコはそれによって恐怖から逃れることができると学習してしまう（負の強化）ので，攻撃性が誘発される可能性のあるすべての状況を避けるようにする。この攻撃行動はネコを追いつめなければ起こらないことも多いため，恐怖や不安のサインを示しているネコはそっとしておき，離れるように心掛けるとよい。

- ■**体罰や叱責の禁止**：ネコが恐怖から唸ったり威嚇する声を出すと「悪いネコ」として体罰を与えたり叱責する飼い主もいるが，これらは恐怖をさらに与えて攻撃行動を悪化させるため禁止する。
- ■**ネコにとって快適な環境づくり**：「ネコにとって快適な環境のための5つの柱（ Column 17 参照）」に則って，ネコが生活の中でなるべく恐怖や不安を感じることなく快適に生活できるようにすることが，何よりも大切なことである。
- ■**攻撃行動が起こる状況に対する系統的脱感作および拮抗条件づけ**：攻撃行動が起こる状況（誘発刺激）に対してネコが恐怖心や危機感を抱いているため，ネコが恐怖反応を示さないようレベルを下げた誘発刺激とネコにとっての快刺激を対呈示することで，系統的脱感作および拮抗条件づけを行う。これにより，攻撃行動が起こる状況に対する恐怖心が減り，根本的な解決につながる。実施にあたり，攻撃行動が起こる状況（ネコの状態，攻撃対象，攻撃対象の動作など）の同定と，その刺激を適切なレベルに調節し，ネコの反応に合わせて段階的に引き上げていくことが必要となる。また，練習途中で攻撃行動が起こるレベルの刺激に遭遇すると，再び誘発刺激に対する不快反応が生じるため，前述の刺激制御とあわせて実施しなければならない。なお，イヌと比較してネコは警戒心が強く，食べ物に対する欲求が低いことも多いので，誘発刺激の調整と，そのネコが夢中になれる快刺激をみつけることが重要となる。例えば，攻撃対象そのものではなく，攻撃対象の匂いをつけたタオルの上で嗜好性の高い食べ物を与えるというところから開始するとよい。
- ■**薬物療法**：必要に応じて抗不安薬（**第4章 2 薬物療法**参照）を処方する。ただし，現時点ではどのような薬物であっても適用外使用となるため，飼い主に同意を得る必要がある。また，飼い主が薬物療法を躊躇する場合は，抗不安作用のあるサプリメントや療法食，フェロモン製剤を使用してもよい。
- ■**外科的療法**：欧米では対症療法として爪抜去や腱切断術がこの問題を解決するために適用されることもあるが，術後の疼痛管理などがうまくいかないとさらなる恐怖や不安を与えてしまう結果になることを覚悟しておかなくてはいけない。

＜治療の助けとなる道具＞
- ■**タオル**：恐怖対象の匂いに馴化させ，系統的脱感作へと移行する際に利用される。ケージなどを覆って視覚的な刺激を制御し，ネコが安心できる場所を提供することにも使える。

3）遊び関連性攻撃行動（play-related aggression）

幼い時期によく認められる遊び行動がエスカレートして生じる，より深刻で情動的な攻撃行動。

子ネコ同士では，跳びかかったり，仰向けになったり互いにじゃれ合う社会的な遊びがみられ，このような遊びを通して，ネコ同士の関わり方を学ぶ。そのような相手がいない子ネコの場合は，人間や他の同居ネコに対してこのような遊び行動を示し，熱中しているうちに興奮し，攻撃的にふるまってしまうことがよくあるものである。このような状況を許して長く続けていると，遊んでいる最中だけでなくそれ以外の場面でも興奮するとすぐに攻撃的になるようになってしまうので気をつけねばならない。

＜関連因子＞
- **遊び方**：（特に子ネコのときに）人間の手や足をおもちゃとしてネコに嚙ませたり飛びつかせる遊びや，人間が逃げてネコに追いかけさせる遊びをすると，人間の身体を嚙んだり引っ掻いたりしてダメージを与えてよいものだと学習してしまい，人間に対して激しい攻撃行動をとるようになる。
- **遊び時間不足**：遊び時間が不足していると，遊びの際に興奮しやすくなるだけでなく，遊び時間でないときにも人間や同居ネコなどに飛びつくなどの激しい遊び行動が生じてしまうことがある。
- **室内飼育や単頭飼育**：遊び相手となるネコがいない場合は，遊び方を学んでいなかったり，遊び時間が不足するために，遊びの際に興奮して攻撃的になってしまうことがある。
- **生得的気質**：生まれつき遊び好きで興奮しやすい個体，猫種などが存在する。

＜診断＞
- 遊びの最中や前後に認められる攻撃行動を確認して診断する。
- 治療には攻撃を引き起こすきっかけ（誘発刺激）の同定が必要となる。
- 医学的疾患や他の攻撃行動（自己主張性攻撃行動，恐怖性／防御性攻撃行動，転嫁性攻撃行動，捕食性行動など）との鑑別が必要である。

> 注）主な攻撃対象はヒト（飼い主だけではなく，見知らぬ人間や子どもも含まれる）であるが，同居ネコの場合もある。

＜主な治療方法＞
症例に応じて治療プログラムを作成するとよい。
- **安全対策**：攻撃の程度が激しい場合や発現する時間帯の予測がつかない場合などは，周囲の人間や同居ネコの安全を考慮し，必要に応じて個別の部屋，ケージなどを利用し，攻撃行動を起こすネコを隔離しておく。部屋やケージに入れる際はおやつなどで誘導する。

- **攻撃行動が起こる状況の回避（刺激制御）**：繰り返し攻撃行動を引き起こしていると，ネコはそれが楽しい遊び行動の一部であると学習してしまうので，ネコが攻撃的になる状況を把握し，その状況になるのを避けるようにする。例えば，ネコじゃらしで遊びはじめて一定以上の時間が経過すると攻撃的になる場合は，ネコじゃらしで遊ぶ時間を短くしなくてはならない。
- **荒っぽい遊びの禁止**：けんかごっこや手でネコを掻き回すような荒っぽい遊びは，ネコを興奮させるだけでなく攻撃行動を誘発しやすいので禁止する。
- **体罰や叱責の禁止**：興奮しているネコに対する体罰や叱責は，飼い主に対する攻撃を誘発したり，飼い主を避けるようになってしまう可能性が高いため禁止する。遊びがこうじてネコが興奮して攻撃してくる場合は，遊びを中止しネコの興奮がおさまるまでその場で黙ってじっととどまって待つようにする。
- **適切なおもちゃの呈示**：人間の身体や靴下などで遊ばせて興奮させてしまうと，身体や靴下をはいている足に対して攻撃するようになってしまう。ネコがじゃれて遊んでもよいおもちゃを決め，それ以外のものでは遊ばせないよう心掛ける。
- **遊び方の工夫**：ネコを興奮させないためには，おもちゃを用いて5分程度集中的に遊んだら，5分間休憩時間を入れて，ネコが落ち着いたらまた5分遊ぶというパターンで遊ぶ。これを15〜30分程度繰り返したら，最後にネコに少量の食物を与えて遊びを終了する（食物を与えることで遊びで獲物を捕まえた気分になっているネコがそれを食べて満足すると考えられている）。これを1セットとして，1日に何セットかこの遊びを繰り返すとよい。

＜治療の助けとなる道具＞
- **適切なおもちゃ**：ネコのおもちゃにはいろいろなタイプがあり，ネコによって好みが異なるため，数種類のおもちゃを用意し，ネコが喜んで遊ぶおもちゃをみつけるとよい。

4） 縄張り性攻撃行動（territorial aggression）

自らの縄張りと認識している場所に近づいてくる，脅威や危害を与える意志のない個体に対してみせる攻撃行動。

ネコは縄張りをもち，それを守る本能を有する動物である。都会や家の中に住んでいるネコの場合，お互いの縄張りには厳密な境界が存在するわけではなく，それぞれが一部重なり合っているのが普通である。通常は，時間的な棲み分けによって重なり合っている縄張りを共有するものであるが，ときにそれがけんかへと発展することがある。また，この縄張り防衛本能によって，人間に対する攻撃行動が生じる場合もある。

＜関連因子＞
- **縄張り防衛本能**：外ネコが家の中に侵入してくるような状況がある場合や家庭内に複数のネコが存在する場合は縄張り性攻撃行動が発現しやすい。
- **新しいネコの参入**：新しいネコが家庭に加わると縄張り性攻撃行動が発現することがある。

＜診断＞
- 攻撃の対象や状況（縄張りと認識している場所にヒトや動物が近づくこと，侵入すること）を詳細に検討して診断する。
- 治療には攻撃を引き起こすきっかけ（誘発刺激）の同定が必要となる。
- 医学的疾患や他の攻撃行動（自己主張性攻撃行動，恐怖性／防御性攻撃行動，転嫁性攻撃行動，遊び関連性攻撃行動など）との類症鑑別が必要である。

> 注）主な攻撃対象は外のネコや同居ネコであるが，人間（子どもなどの家族）や同居している他の動物（イヌなど）が対象となることもある。

＜主な治療方法＞
症例に応じて治療プログラムを作成するとよい。
- **安全対策**：同居ネコや周囲の人間の安全を考慮し，必要に応じて個別の部屋，ケージなどを利用し，それぞれのネコを隔離しておく。部屋やケージに入れる際はおやつなどで誘導する。
- **ネコにとって快適な環境づくり**：「ネコにとって快適な環境のための5つの柱（ Column 17 参照）」に則って，それぞれのネコが生活の中でなるべくストレスを感じることなく快適に生活できるようにすることが，何よりも大切である。特にネコ同士を隔離しておく場合は，それぞれの部屋やケージ内も快適にすることが必要になる。
- **攻撃行動が起こる状況の回避（刺激制御）**：繰り返し攻撃行動を引き起こしていると，ネコはそれによって自分の縄張りを守ることができると学習してしまうので，ネコが攻撃的になる状況をできるだけ把握し，その状況になるのを避けるようにする。例えば，庭に外ネコが侵入して攻撃的になる場合には，外ネコが侵入しにくくすることや，室内から外ネ

コがみえないよう窓に目隠しをすることが勧められる。
- ■**体罰や叱責の禁止**：攻撃行動を示しているネコに対する体罰や叱責は，飼い主に対する転嫁性攻撃行動を誘発したり，飼い主を避けるようになってしまう可能性が高いため禁止する。
- ■**仲裁の禁止**：外ネコが侵入してきたのをみつけて攻撃的になっているネコの仲裁に入ることは危険なので基本的に禁止する。興奮状態のネコを刺激することになるため，転嫁性攻撃行動を引き起こす可能性がある。
- ■**去勢**：雄同士のけんかの場合，去勢が有効な処置となる場合が多いので，繁殖を希望しない飼い主に対しては去勢を勧める。
- ■**攻撃行動が起こる状況に対する系統的脱感作および拮抗条件づけ**：攻撃行動が起こる状況（誘発刺激）に対してネコは嫌悪的な印象を持っているため，ネコが不快反応を示さないようレベルを下げた誘発刺激とネコにとっての快刺激を対呈示することで，系統的脱感作および拮抗条件づけを行う。これにより，攻撃行動が起こる状況に対する嫌悪感が減り，根本的な解決につながる。実施にあたり，攻撃行動が起こる状況（場所，攻撃対象，接近距離など）の同定と，その刺激を適切なレベルに調節し，ネコの反応に合わせて段階的に引き上げていくことが必要となる。また，練習途中で攻撃行動が起こるレベルの刺激に遭遇すると，再び誘発刺激に対する不快反応が生じるため，前述の刺激制御をあわせて実施しなければならない。外ネコに対する攻撃行動では刺激の調節が困難であり実施は難しいだろう。同居ネコに対する攻撃行動の場合は，初回から攻撃対象そのものを呈示するのではなく，攻撃対象の匂いをつけたタオルを呈示するところから開始するとよい。
- ■**薬物療法**：縄張りを侵されるという不安が関与している場合は，抗不安薬（**第4章 2 薬物療法**参照）を処方する。ただし，現時点ではどのような薬物であっても適用外使用となるため，飼い主に同意を得る必要がある。また，抗不安作用のあるサプリメントや療法食，フェロモン製剤を使用してみてもよい。

＜治療の助けとなる道具＞
- ■**タオル**：お互いの匂いに馴化させ，系統的脱感作へと移行する際に利用される。
- ■**3次元的に棲み分けられるような家具**：キャットタワーなどとよばれるもので，狭い縄張りをけんかすることなく棲み分けるために利用される。

5）転嫁性攻撃行動（redirected aggression）

ネコが感じた攻撃的な情動を異なる攻撃対象に向けるときに生じる攻撃行動。その結果として、脅威や危害を与える意志のない無関係な個体が攻撃対象となる。

転嫁性攻撃行動とは、人間の世界でいうところの"とばっちり（巻き添え）"に近いもので、興奮して攻撃性が発現しそうなネコに、攻撃を誘発した対象と異なる罪のない対象が近づくことによって攻撃が加えられるものを指す。興奮しやすいネコではこの種の攻撃行動が多く認められるが、通常飼い主は誘因を見逃しているため、"何の前触れも原因もなく突然ネコが攻撃してきた"という主訴で来院することが多い。

＜関連因子＞
- ■**生得的気質**：生得的に不安傾向が強い、狩猟欲求が強い個体は興奮しやすく転嫁性攻撃行動が発現しやすい。
- ■**一次的な攻撃行動**：同種間攻撃行動や恐怖性／防御性攻撃行動など、もともと他の攻撃行動が頻繁に発現している場合には、攻撃的な状況が生じやすく転嫁性攻撃行動が起こるきっかけとなりやすい。
- ■**覚醒度の上昇・興奮**：他のネコとの遭遇や攻撃性、外を眺めている際に目撃した脅威や狩猟欲求、音などに対する恐怖などによって興奮してくると転嫁性攻撃行動が生じることがある。
- ■**興奮時の関わり合い**：興奮時に声をかけたり撫でようとしたりするとそれが刺激となって転嫁性攻撃行動が生じることがある。

＜診断＞
- ■ネコの覚醒度が高くなっている（興奮している）状況に続いて生じる攻撃を確認して診断する。
- ■医学的疾患や他の攻撃行動（自己主張性攻撃行動、恐怖性／防御性攻撃行動、縄張り性攻撃行動、特発性攻撃行動、捕食性行動など）との類症鑑別が必要である。

  注）飼い主は攻撃行動が誘発された原因を見逃している場合が多いため、特発性攻撃行動との類症鑑別はとくに重要である。
  注）攻撃対象はヒト（飼い主だけではなく、見知らぬ人間や子どもも含まれる）や同居ネコだけでなく、同居している他の動物（イヌなど）の場合もある。

＜主な治療方法＞
症例に応じて治療プログラムを作成するとよい。
- ■**安全対策**：同居ネコや周囲の人間の安全を考慮し、必要に応じて個別の部屋、ケージなどを利用する。状況によっては、ネコの隔離は数日から数週間を要することがある。

- ■**攻撃行動が起こる状況の回避（刺激制御）**：繰り返し攻撃行動を引き起こしていると，ネコはそれが正しい行動であると学習してしまうので，ネコの覚醒度が高まる状況を把握し，その状況を避けるように指導する。例えば，窓から外にいるネコがみえると攻撃的になる場合は，カーテンを閉めるなどして外がみえなくなるようにする。もともと他の攻撃行動を発現している場合には，攻撃行動が誘発される可能性のあるすべての状況を特定し，できるかぎりそれらを避けるようにする。
- ■**興奮時の接近禁止**：尾を膨らませている，またはパタパタと激しく振る，身体や筋肉が硬直している，背中の毛が逆立っているなどネコが興奮している徴候を察知できる場合は，可能な限りネコに近寄らないように心掛ける。ネコによっては，数日間興奮状態が続くこともある。またじっとしていても何かを狙うように一点をみつめている場合はネコに近づいてはいけない。同居ネコや他の動物が被害を受ける場合は，ケージなどを利用してそれらの動物も近寄らないよう注意する。
- ■**体罰や叱責の禁止**：転嫁性攻撃行動を示しているネコに対する体罰や叱責は，さらに興奮させることで激しい攻撃に発展する危険があるため禁止する。
- ■**仲裁の禁止**：けんかをしているネコの仲裁に入ることは危険なので基本的に禁止する。けんかが起こりそうになった場合は，ネコに恐怖を感じさせないよう留意しながら，バスタオルやブランケットなどを利用してみるのもよいが，さらなる転嫁性攻撃を誘発することもあるので注意が必要である。基本的にはけんかをしてしまうほど仲が悪いネコ同士は隔離しておく方が安心である。
- ■**外科的療法**：欧米では爪抜去や腱切断術がこの問題を解決するために適用されることもあるが，あくまで対症療法であることに留意すべきである。

6）愛撫誘発性攻撃行動（petting-induced aggression）

人間が撫でることによって誘発される攻撃行動。

ネコが撫でて欲しいような表情で膝の上に乗ってきたにもかかわらず，撫でてあげていると突然咬みついてくることがある。愛撫誘発性攻撃行動の真の原因は未だ判明していない。

ネコは自分だけでなく，他のネコに対してもグルーミングをよく行う動物である。ネコのグルーミングを観察してみると，回数は多くみられるが継続時間は短く，1回のグルーミングで舐めるストロークはさほど長くはない。これに対して，人間はただひたすらに背中やお腹などを長いストロークで撫で続けがちである。この愛撫パターンや長時間の愛撫に馴れていないネコが寛容限界を過ぎたために咬みつく，そして咬めば愛撫が終了するという学習（負の強化）からこの攻撃行動が生じやすくなると考えられる。

＜関連因子＞
- **愛撫寛容限界の超越**：本来ネコ同士の相互グルーミングの場合には長いストロークで長時間撫であうことがないため，とくに背中やお腹などは寛容限界を越えると攻撃的になってしまうことがある。

＜診断＞
- 人間による愛撫によって誘発される攻撃を確認して診断する。
- 医学的疾患やその他の攻撃行動（自己主張性攻撃行動，恐怖性／防御性攻撃行動，捕食性行動，遊び関連性攻撃行動，疼痛性攻撃行動，特発性攻撃行動など）との類症鑑別が必要である。

＜主な治療方法＞
症例に応じて治療プログラムを作成するとよい。
- **攻撃行動が起こる状況の回避（刺激制御）**：繰り返し攻撃行動を引き起こしていると，ネコはそれによって自分の思い通りにできると学習してしまうので，攻撃行動を誘発する可能性のある撫で方（部位，時間，ストロークの長さなど）を特定し，その状況を避けるようにする。また，落ち着きがなくなる，尾を細かく振るなどといった警戒徴候を察知し，それと同時にネコを解放するよう心掛ける。
- **愛撫に対する系統的脱感作および拮抗条件づけ**：攻撃行動が起こる状況（誘発刺激）に対してネコが恐怖心や危機感を抱いているため，ネコが恐怖反応を示さないようレベルを下げた誘発刺激とネコにとっての快刺激を対呈示することで，系統的脱感作および拮抗条件づけを行う。これにより，攻撃行動が起こる状況に対する恐怖心が減り，根本的な解決に

つながる。実施にあたり，攻撃行動が起こる状況（ネコの状態，攻撃対象，攻撃対象の動作など）の同定と，その刺激を適切なレベルに調節し，ネコの反応に合わせて段階的に引き上げていくことが必要となる。また，練習途中で攻撃行動が起こるレベルの刺激に遭遇すると，再び誘発刺激に対する不快反応が生じるため，前述の刺激制御とあわせて実施しなければならない。なお，イヌと比較してネコは警戒心が強く，食べ物に対する欲求が低いことも多いので，誘発刺激の調整と，そのネコが夢中になれる快刺激をみつけることが重要となる。

＜治療の助けとなる道具＞
- **歯ブラシ**：歯ブラシで撫でる触感はネコの舌の糸状乳頭で舐める感覚と似ているといわれている。人間の手で撫でられること自体が苦手なネコの場合は，歯ブラシを用いて，頭部を撫でることから開始するとネコに受け入れられやすい可能性がある。

7）同種間攻撃行動（intra-species aggression）

　家庭内外において同種に対してみせる攻撃行動。本攻撃行動は対象による分類（動機づけによる分類ではない）であり，診断名として使用する際には，対象および動機づけを括弧内に記載すべきである（例：同種間攻撃行動（同居ネコ，縄張り性および恐怖性／防御性）など）。

　複数頭飼育している家庭においてはネコ同士のけんかはよく相談される問題である。その経緯が複雑なこともあり，最初に1頭のネコが攻撃的にふるまったために，もう1頭のネコが異なる動機づけで攻撃行動を示すこともある。ここでは，家庭内におけるネコ同士の攻撃行動について記載する。

＜関連因子＞
- **ネコ同士の関係性**：一緒に身体をくっつけて眠る，互いにグルーミングし合う，鼻先をお互いにくっつけ合って挨拶するなどといった親和行動がみられない同居ネコ同士ではこの攻撃行動が生じやすい。
- **縄張り，必要物資，居場所，通路などに対する防衛本能や獲得欲求**：家庭内に複数のネコが存在する場合はこの攻撃行動が発現しやすい。狭い空間内に多くのネコたちが生活し，個々のネコに対するスペースや必要物資が十分ではない場合は，とくに生じやすくなる。
- **生活環境の変化**：引っ越し，家の中の改装や模様替えなどで，生活環境・必要物資の位置や数などに変化が生じた場合に発現しやすい。
- **新しいネコの参入**：新しいネコが家庭に加わると同種間攻撃行動が発現することがある。
- **同居ネコの変化**：例えば同居するネコが動物病院に行き，馴染みのない匂いをつけて帰宅したなど，何らかの変化があった場合に攻撃行動が生じやすくなる。
- **性別**：雌に比べて雄では雄性ホルモンであるテストステロンの影響を受けるために未去勢雄同士の縄張り性攻撃行動が発現しやすい。
- **社会化の有無や社会性の変化**：子ネコのときに他のネコに対する社会化が不足しているとこの攻撃行動が生じやすい。また子ネコのときは関係性に問題がなかったネコ同士でも，社会的成熟を迎える2〜3歳になるとこの攻撃行動が生じることがある。

＜診断＞
- 主に同居するネコに対する攻撃を確認して診断する。
- 目にみえて明らかな攻撃行動（唸る，威嚇する，叫ぶ，引っ掻く，追いかける，飛びつく，組み伏せる，咬みつくなど）だけでなく，目立ちにくい行動（凝視する，通路を塞ぐなど）や引きこもり行動（隠れて出てこない，トイレを我慢するなど）などもこの攻撃行動に伴い発現するため，これらの有無を確認しネコ同士の関係を把握する。
- 治療には実際の攻撃行動や関係性の悪いことが想像されるような行動が発現するきっかけや状況などを含めて，原因の同定が必要となる。
- 同種間攻撃行動は，動機づけによって，縄張り性攻撃行動，自己主張性攻撃行動，恐怖性／防御性攻撃行動，転嫁性攻撃行動，遊び関連性攻撃行動などに分類されるため，しっかりとした診断の後に，それに応じた治療をする必要がある。

注）主な攻撃対象は同居ネコであるが，外のネコが対象になることもある。

<主な治療方法>
症例に応じて治療プログラムを作成するとよい。
※以下は，同居ネコ同士の攻撃行動に共通した治療方法。動機づけに応じて，他項目で記載した攻撃行動の治療方法も参照していただきたい。

- ■**安全対策**：同居する各ネコの安全を考慮し，必要に応じて個別の部屋，ケージなどを利用し，それぞれのネコを隔離しておく。部屋やケージに入れる際はおやつなどで誘導する。
- ■**ネコにとって快適な環境づくり**：「ネコにとって快適な環境のための5つの柱（ Column 17 参照）」に則って，それぞれのネコが生活の中でなるべくストレスを感じることなく快適に生活できるようにすることが，何よりも大切である。とくにネコ達を隔離しておく場合は，それぞれの部屋やケージ内も快適にすることが必要になる。
- ■**攻撃行動が起こる状況の回避（刺激制御）**：繰り返し攻撃行動を引き起こしていると，ネコはそれによって自身の主張や防御，必要物資の確保や防御ができることなどを学習してしまうので，攻撃行動が起こる状況を特定し，できるだけそれらを避けるようにする。攻撃行動が起こりそうになった場合は，叱るのではなく，おやつなどで注意を逸らすようにする。ただしこの方法はおやつを目当てに攻撃行動をとるといった学習を招いてしまうため，多用すべきではない。
- ■**去勢**：雄同士のけんかの場合，去勢が有効な処置となる場合が多いので，繁殖を希望しない飼い主に対しては去勢を勧める。
- ■**体罰や叱責の禁止**：攻撃行動を示しているネコに対する体罰や叱責は，飼い主に対する転嫁性攻撃を誘発したり，飼い主を避けるようになってしまう可能性が高いため禁止する。
- ■**仲裁の禁止**：けんかをしているネコの仲裁に入ることは危険なので基本的に禁止する。けんかが起こりそうになった場合は，ネコに恐怖を感じさせないよう留意しながら，バスタオルやブランケットなどを利用してみるのもよいが，転嫁性攻撃を誘発することもあるので注意が必要である。基本的にはけんかをしてしまうほど関係性の悪いネコ同士は隔離しておく方が安心である。
- ■**ネコ同士の関係改善を目的とした系統的脱感作および拮抗条件づけ**：攻撃対象のネコに対する嫌悪感から攻撃行動を示している場合はもちろんのこと，攻撃を受けているネコも，攻撃的なネコに対して恐怖心や危機感を抱いていることが多い。そのため，他の攻撃行動で紹介したような方法で系統的脱感作および拮抗条件づけを行うことで，ネコ同士の関係改善につなげることができる。ただし，練習中に攻撃行動を引き起こさないよう，綿密な計画のもとに実施しなければならない。また，もともとのネコの気質やネコ同士の関係性によっては，思うように練習が進まないこともあるため，安全対策に徹するのか，このような練習を積極的に行うのかということについて飼い主とよく相談することが重要である。
- ■**薬物療法**：関連要因として不安や恐怖が強く疑われる場合は，抗不安薬（**第4章2 薬物療法**参照）を処方する。ただし，現時点ではどのような薬物であっても適用外使用となるため，飼い主に同意を得る必要がある。また，抗不安作用のあるサプリメントや療法食，フェロモン製剤を使用してみてもよい。

<治療の助けとなる道具>
- ■**タオル**：お互いの匂いに馴化させ，系統的脱感作へと移行する際に利用される。
- ■**3次元的に棲み分けられるような家具**：キャットタワーとよばれるもので，狭い縄張りをけんかすることなく棲み分けるために利用される。

2　不適切な場所での排泄

1）不適切な場所での排泄（inappropriate elimination）

飼い主が想定していない不適切な場所における排泄。

外で勝手気ままに暮らしているネコが，毎日全く同じ場所に排泄したり，他のネコが排泄した場所に排泄することは多くはない。そう考えると，家ネコが毎日同じトイレを使って排泄するということは本来は不自然といわざるを得ない。ましてや何頭ものネコに同じトイレを使ってもらうというのはなおさらである。ネコが不適切な場所に排泄してしまうという問題については比較的頻繁に相談されるが，その原因はさまざまであり，ときに複合的である。

頻尿や多尿，あるいは下痢により，トイレに到達する前に排泄してしまう，というように医学的疾患が主たる原因となって一時的に不適切な場所での排泄がみられることもあるが，医学的疾患に学習が加わり不適切な場所での排泄が続くこともある。例えば，尿路疾患を患っているネコは，排尿する際に痛みを感じるので，排尿場所であるトイレと痛みの間に古典的条件づけが起こり，尿路疾患の改善後もトイレを避けるようになってしまうものである。同じように，便秘や下痢が原因となる場合があるので，行動診療を試みる前に，厳密に医学的疾患の検査をしておかねばならない。また，ネコにはトイレの位置，形状，ネコ砂に対して嗜好性（好み）が認められる。使いにくい場所にある嫌いなネコ砂のトイレを最初は我慢して使っていても，他に好きなところができたらその場所をトイレとして使うようになってしまうことも多いのである。さらに，数頭のネコで共同トイレを利用している場合，立場の弱いネコはこのトイレで落ち着いて排泄できず，別の場所を選んでしまうこともある。

＜関連因子＞
- **医学的疾患罹患時における学習**：FLUTD（feline lower urinary tract disease：猫下部尿路疾患），膀胱炎，尿道閉塞，尿石症肛門嚢炎，腸炎，便秘などに罹患すると，排泄時の疼痛や不快感を学習し，従来利用していたトイレを使用しなくなることがある。
- **トイレに対する不満**：トイレの設置場所，形状，砂の種類，清掃頻度不足による汚臭や不潔さなどに対する不満から不適切な場所での排泄行動が発現することがある。既存のトイレ自体に対する嗜好性だけではなく，多尿を呈する医学的疾患に由来するトイレの汚臭（清掃頻度不足）や整形外科疾患や筋力低下に由来するトイレへの入り難さなどが不満につながることもある。
- **トイレでの排泄に関わる恐怖経験**：同居ネコに排泄中に襲われた，トイレへの通路を妨害される，トイレの近くで大きな音がするなどといった経験から恐怖や不安が生じて不適切な場所での排泄行動が発現することがある。

<診断>
- ネコ用トイレ以外の場所における排泄を確認して診断する。
- 治療には原因の特定が必要となる。
- 失禁を起こす医学的疾患との類症鑑別が必要である。
- マーキング行動や高齢性認知機能不全との類症鑑別が必要である（第6章 2 2) マーキング行動参照）。

<主な治療方法>
症例に応じて治療プログラムを作成するとよい。
- **医学的疾患の治療**：排泄障害に伴って生じるトイレへの嫌悪、多尿によるトイレの汚れやすさ、関節炎などの痛みによるトイレへのアクセス困難などが疑われる場合には、直ちに適切な検査を行い、その結果に応じた治療を施す。
- **不適切な罰の禁止**：排泄中や排泄後に体罰や叱責を与えても意味がないばかりか、飼い主の前での排泄を避けるようになるため禁止する。床を引っ掻いたり、匂いを嗅いだり、回ったり、排泄行動の徴候に気づいた場合は音をたててネコの気を逸らし、トイレの場所までつれていくよう心掛ける。
- **トイレに対する不満要因の排除**：一般的に、トイレの設置場所としては、静かでネコが排泄姿勢をとれるだけの十分なスペースが存在する場所、形状としては浅くてカバーがなくネコの体長の1.5倍程度の大きさのもの、砂の種類としては香りのついていない目の細かい固まるタイプが好まれるようであるが、ネコによって嗜好性は異なるため、個々のネコに対して十分検討する必要がある。なお、トイレの清掃回数については、排泄のたびに汚れた砂や便を取り除くのはもちろんのこと、固まるネコ砂の場合では、1週間に1回全部のネコ砂を交換すること、固まらないネコ砂の場合では1日おきに1回程度全部のネコ砂を交換することが理想とされる。最近では脱臭効果の強いネコ砂も開発されているが、最低でも注意書きに指示された交換頻度は確保すべきである。砂をすべて交換する際にトイレ自体もよく洗浄して匂いが残らないよう心掛けるべきである。なお、トイレに対する不満により尿路疾患や便秘を引き起こす可能性もあるため、医学的疾患の予防のためにも、トイレ環境の改善は重要である。
- **不安状況の排除**：同居ネコや家族などに対する恐怖や不安が要因になっている場合は、ネコが安心して排泄できる場所に隔離してそこにそのネコ専用のトイレを置くなどの策をこうじる。不安状況の存在が不確かな場合は、ネコをトイレや水・食事とともに狭い部屋で生活させてみて、トイレを利用するかどうか確認してみるとよい。ネコが相手にされずに不安や不満を抱かないよう、飼い主はその部屋で遊ぶなど関心をはらわねばならない。
- **トイレの増設とアクセスの工夫**：可能であれば家庭内にいるネコの頭数より1つ多い数のトイレを、家庭内のあちこちに設置するとよい。また同居ネコが問題ネコのトイレへのアクセスを妨害しないように、トイレへの動線なども工夫する。高齢ネコの場合には、トイレまでのアクセスに加えて、トイレ内に入りやすいようトレーの高さも考慮するとよい。
- **トイレ選択試験の実施**：ネコがトイレに対して抱いている不満要因が不明の場合は、ネコに好きなトイレを選んでもらうとよい。具体的には3つのトイレを並べて、それぞれ違うタイプのネコ砂を入れてネコがどれを頻繁に利用するかを観察する。1週間ごとに砂の種類を交換して最も利用されたネコ砂を使って、今度はネコ砂の深さ、トイレの形状、設置場所などをネコに選んでもらうとよい。

- ■**酵素入り洗浄剤での清掃**：トイレ以外の場所に排泄物の匂いが残っていると再び同じ場所で排泄するおそれがあるため，トイレ以外の排泄場所は匂い物質を分解する酵素入り洗浄剤などを利用してしっかりと掃除しておかねばならない。
- ■**不適切な排泄場所での食事**：通常ネコは食事場所で排泄することはない。この習性を利用し，不適切な排泄場所に食事を置いてみるとよい。不適切な排泄場所が複数ある場合は，すべての場所に少しの食事を入れた皿を置くとよい。
- ■**薬物療法**：不安が原因の場合は抗不安薬（**第4章 2 薬物療法**参照）を処方する。ただし，現時点ではどのような薬物であっても適用外使用となるため，飼い主に同意を得る必要がある。さらに，薬物療法を実施する際には薬物投与停止後に，不適切な場所での排泄が再発する恐れがあることを飼い主に伝えておかねばならない。また，飼い主が薬物療法を躊躇する場合は，抗不安作用のあるサプリメントや療法食，フェロモン製剤を使用してもよい。フェロモン製剤は，基本的にはスプレー行動などのマーキング行動に利用されるが，不安が原因となる不適切な場所での排泄に有効な場合がある。

2）マーキング行動（marking behavior）

排泄物（尿・糞）による匂いづけ行動。ネコの尿による匂いづけはスプレー行動（spraying），糞による匂いづけはミドニング（middening）ともよばれる。

たとえ屋内であっても，あちこちにスプレー行動をするネコはいるものである。飼い主によっては，典型的なスプレー行動を排尿行動と認識している場合があるので不適切な場所での排泄行動との類症鑑別は重要である。また，スプレー行動姿勢を示さず，尿が垂直面に残されていない場合であっても，マーキング（匂いづけ）行動が疑われる場合は，このカテゴリーに入れて治療する。さらに少量の便だけが残されている場合も，匂いづけ行動が示唆されれば，このカテゴリーに含めて考える必要がある。ただし，ネコにおいては，マーキング行動として糞を残すことは滅多にないと考えられている。

<関連因子>

- **縄張りに関する不安や不満，社会的な不安や不満**：新しい動物が家族に加わったり，引っ越しなどによって環境が変化すると不安や不満が生じ，マーキング行動が増加することがある。室内飼育のネコの場合は，窓から外ネコがみえたりする場合にスプレー行動が増加することがある。また，外ネコを家ネコにするために屋内に閉じこめたり，飼い主の長期不在などにより不安や不満が生じるとスプレー行動が増加することがある。
- **性別**：未去勢雄に多いが，雌にも認められる。未去勢雄の場合は，繁殖期の雌ネコが近くに存在することで性的なマーキング行動が増加する。

<診断>

- 不適切な場所におけるスプレー行動や便によるマーキング行動を確認して診断する。
- 治療には原因の特定が必要となる。
- スプレー行動と不適切な場所での排泄では，原因も治療方法も異なるため，確実な類症鑑別が必要である（表6-1参照）。

  注）飼い主が主張する印象のみでスプレー行動と不適切な場所での排泄の類症鑑別をすべきではない。表6-1を参考にして客観的に診断を下さなくてはならない。

表6-1 スプレー行動と不適切な場所での排泄行動

特徴	尿スプレー行動	不適切な場所での排泄行動
姿勢	通常は立位（座位のこともある）	座位
排泄量	少量	多量
トイレの使用	通常の排泄時には使用	通常は使用しなくなる
対象場所	通常は垂直面，決まった場所（水平面のこともある）	通常は水平面，好みの場所（素材面）
排便行動	通常はトイレを使用	通常は不適切な場所で行う
排泄後の砂かけ行動	認められない	通常は認められる

＜主な治療方法＞

症例に応じて治療プログラムを作成するとよい。

- ■**去勢・不妊手術**：マーキング行動の減少が認められることが多いので，繁殖を希望しない飼い主に対しては去勢・不妊手術を勧める。
- ■**不適切な罰の禁止**：マーキング中やマーキング後に体罰や叱責を与えても意味がないばかりか，飼い主の前ではなく隠れてマーキングをするようになる可能性がある。また，罰と飼い主が結びつき，飼い主を怖がるようになると不安が高まり，よりマーキングが生じやすい状態になるため，体罰や叱責は禁止する。
- ■**ネコにとって快適な環境づくり**：「ネコにとって快適な環境のための5つの柱（ Column 17 参照）」に則って，それぞれのネコが生活の中でなるべくストレスを感じることなく快適に生活できるようにすることが，何よりも大切である。とくにネコたちを隔離しておく場合は，それぞれの部屋やケージ内も快適にすることが必要になる。
- ■**不安や不満を感じる状況の回避（刺激制御）**：繰り返しマーキング行動を引き起こしていると，マーキング行動が不安や不満解消のためのよい方法と学習してしまうため，ネコが不安または不満を感じる状況を同定し，できるだけそれを回避する。例えば，同居ネコが原因と考えられるようであれば，問題となるネコと別々の場所で生活させたり，そのネコとの関係を改善する行動修正法などを実施するとよい（第6章 1 7)同種間攻撃行動参照）。
- ■**酵素入り洗浄剤での清掃**：マーキングによって汚れた場所は，その匂いによって何度も対象とされがちである。汚れた場所は，匂い物質を分解する酵素入り洗浄剤で清掃せねばならない。
- ■**マーキング場所の呈示**：マーキング場所が決まっている場合は，浅いトイレを2つ組み合わせて垂直面を作り，そこでのみ，マーキングをさせるように誘導するとよい（図6-1）。
- ■**マーキング場所での食事**：マーキング場所が常に決まっている場合は，その場所で食事をさせることで，そこがマーキング場所ではないと認識する可能性がある。
- ■**薬物療法**：不安が原因の場合は抗不安薬（第4章 2 薬物療法参照）を処方する。ただし，現時点ではどのような薬物であっても適用外使用となるため，飼い主に同意を得る必要がある。さらに，薬物治療を実施する際には薬物投与停止後に，スプレー行動が再発する恐れがあることを飼い主に伝えておかねばならない。また，飼い主が薬物療法を躊躇する場合は，抗不安作用のあるサプリメントや療法食，フェロモン製剤を使用してもよい。フェロモン製剤は，頻繁に尿スプレーされる場所に噴霧したり，部屋に拡散させたりして使用する。

図6-1

3 その他の問題行動

1）不適切な場所でのひっかき行動（inappropriate scratching）

不適切な対象物へのひっかき行動。

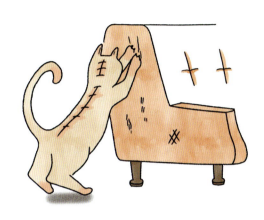

　ネコは爪を研ぐことによって前肢の古くなった爪を排除する。後肢の爪は自ら噛むことによって取り除く。また，爪の起始にある肉趾には腺が存在し，これを利用してネコは爪を研ぎながらマーキング（匂いづけや爪痕を残す）を行うことが知られている。つまり爪を研ぐためのひっかき行動はネコの生得的な行動であり，爪を研ぐ場所はネコにとって必須のものである。通常，飼い主は爪研ぎ用の道具を用意してネコの本能的な欲求を解消しようと試みるが，必ずしも飼い主が望んだ場所だけで爪を研ぐとは限らない。トイレと同じようにネコには好みの爪研ぎ用素材や場所が存在するからである。飼っているネコが，ソファやタンス，柱などで爪を研ぎだすと被害は甚大となることは容易に想像できよう。

　ここでは，以下の因子が関わるようなひっかき行動について触れるが，ネコのひっかき行動は，不安，不満，葛藤などが生じたときや，ひっかくことで飼い主の関心を引くことができると学習した場合などにも生じることがある。こうした場合には，ひっかき行動が生じる際の情動や動機づけをしっかり把握し，それらに応じた治療を行う必要がある。

＜関連因子＞
- **縄張りのマーキング**：マーキングを更新するためにさまざまな場所で頻繁にひっかき行動を行う個体が存在する。
- **古くなった爪の排除**：古くなった爪を除去するためにさまざまな場所でひっかき行動を行う個体が存在する。
- **睡眠後のストレッチ**：睡眠後のストレッチを行うためにさまざまな場所でひっかき行動を行う個体が存在する。
- **素材の選好性**：用意されている爪研ぎ用の道具の設置場所や素材に不満があったり，爪を研いでしまう場所や素材への嗜好があるために不適切な場所でひっかき行動を行う個体が存在する。

＜診断＞
- 飼い主が困る対象物（柱，家具など）に対するひっかき行動を確認して診断する。
- 関心を求める行動，不安，不満や葛藤による転位行動などとの類症鑑別が必要となる。

＜主な治療方法＞
症例に応じて治療プログラムを作成するとよい。
- **選好性が高い素材の爪研ぎ用道具を選択**：個体によっては好みが激しく，素材が異なるだけで見向きもしない場合があるので，好みに合わせた道具を用意せねばならない。日本で手に入る爪研ぎ用道具は木製，麻布製，段ボール紙製，ナイロン製などであるが，必要に応じてネコが爪研ぎをしてしまう場所と同じ素材を購入して道具を作ってあげるとよい。
- **爪研ぎ用道具の増設**：ネコが既に存在する爪研ぎ用道具も利用している場合は，同じものを購入し，さまざまな場所に置く。その際，水平に置いたり垂直に置いたりして変化をつけるとよい。
- **爪研ぎ用道具への肉趾の擦り付け**：新しい爪研ぎ用道具を増設する場合は，道具へネコの肉趾を擦りつけて匂いを残すようにすると，次回からその道具も使う可能性がある。
- **爪研ぎ用道具を問題が生じる場所に配置**：ネコが好んで使用している爪研ぎ用道具を問題が生じている場所に置き，ネコが使用していることを確認したら，徐々に好ましい場所へと移動する。ただし，移動の際には1日数センチメートルずつしか動かしてはならない。
- **不適切なひっかき対象物の保護**：問題となる場所が，ソファやベッドなどの場合は，滑りやすい素材のカバーを掛け，柱やタンスなどの場合は爪研ぎ防止シートなどでカバーをする。一時的にアルミホイルなどを貼ってもよい。
- **外科的療法**：欧米では抜爪術や腱切断術がこの問題を解決するために適用されることもあるが，あくまで対症療法であることに留意すべきである。

＜治療の助けとなる道具＞
- **爪研ぎ防止シート**：壁や家具を被害から守ることはできるが，必ず適切な（好ましい）場所に爪研ぎ用道具を設置しなければならない。
- **ネイルキャップ**：ひっかき行動による被害が甚大である場合に利用される。

Column 17 | ネコにとって快適な環境のためのガイドラインにおける5つの柱

　ネコの問題行動への初期対応として強く推奨されるのは「ネコの環境を最適化すること」である。ここでいう「環境」とはその動物を取り巻くすべての非生物および生物の状態のことを指す。つまり物理的な環境だけでなく，飼い主家族・来客などの人間や同居動物などネコに接する生物も環境の中に含まれる。

　「ネコの環境の最適化」というのは，ネコという動物種にとって最も好ましく望ましい環境を用意するということである。ネコは人間とは違う動物であることをしっかりと認識し，ネコの行動学に基づき，その本能・習性・行動要求に最も見合った室内環境を整備し，同居動物や飼い主との適切な社会的関係も作り上げる必要がある。「ネコの環境の最適化」は問題行動の初期対応法として実践すべきものであるが，問題行動のないネコにとっても，生活の質を維持し福祉を守るために必要なものであることを忘れてはならない。

　具体的には，2013年にAmerican Association of Feline Practitioners（AAFP）およびInternational Society of Feline Medicine（ISFM）から発表された「ネコにとって快適な環境のためのガイドライン」の5つの柱を満たすことで環境を最適化することができる。これらの方法を飼い主に提案し家庭での実践を促すことは，ネコのバックグラウンドストレス要因を減らすことにつながる。

　それぞれの柱における具体的な方法を以下の表に示す。各項目のうちどれを優先するかは個々のネコや家庭の状況によって違うので，飼い主と話し合いながら提案・指導する。ただしネコのトイレについては優先的に指導することが望ましい。提案項目が多すぎると飼い主が面倒と感じて実施しないこともあるので，何回かに分けて少しずつ提案して実施しやすくする工夫も必要である。これらの例以外にもさまざまな工夫や実践が推奨されているので，詳細を知りたい方はガイドライン本文を参照にしていただきたい。

・AAFP and ISFM Feline Environmental Needs Guidelines（英語の原文）
　https://journals.sagepub.com/doi/10.1177/1098612X13477537 よりダウンロード可能
・AAFP and ISFM猫にとって快適な環境づくりのためのガイドライン（日本語訳）
　Felis 05:103-114(2014)　アニマルメディア社

表　ネコにとって快適な環境のためのガイドライン（5つの柱）

【第1の柱】　安全で安心できる場所を用意すること
- 快適にリラックスして休息や就寝できる場所を用意する
- 気に入って休んでいる場所があるのならそこにいるときは邪魔しないようにする
- 段ボールやキャリーなど身を隠せる場所を数ヵ所用意する
- キャットタワーや棚など見晴らしのよい場所を数ヵ所用意する

【第2の柱】　ネコの必要物資を複数用意し家の複数ヵ所，それぞれの場所を離して設置する
- 必要物資とはトイレ，フード，水，爪研ぎ，おもちゃ，休息/就寝場所などのことである
- 複数頭飼育の場合は上記をネコの数＋1ずつ用意し，お互いを離して設置する
- 適切な形や大きさのネコ用トイレおよびネコ砂を用意し清潔を保つ
- 複数頭飼育は同居ネコとの関係がストレス要因になることが非常に多いため以下を工夫する
  - ✓ 必要物資の中でもとくにフード，水，トイレの3つは重要なのでいろんな場所に分散して置き，ネコ同士がお互いに出会うことなく使いたいときにいつでも遠慮なく利用できるようにする（間取り図を使って指導するとよい）
  - ✓ 各物資へたどり着くまでの動線や経路も他のネコに遠慮せずに通れるよう工夫する

（次ページへ続く）

表　ネコにとって快適な環境のためのガイドライン（5つの柱）

【第3の柱】　遊びや捕食行動の機会を与えること

- 室内飼育のネコにとっては室内での遊びが，捕食本能を満たし，身体を動かし楽しめる唯一の機会となるため，毎日必ず以下のような方法で遊べる機会を設ける
    - ✔各ネコの好みのおもちゃや遊びパターンを見つけ出して楽しめる遊びを提供する
    - ✔複数頭飼育の場合は1頭ずつ遊ぶようにする
    - ✔おもちゃを使ってネコと一緒に遊ぶ時間を作る
    - ✔フードが出せる知育おもちゃ（パズルフィーダー）を与えてひとり遊びをさせる
    - ✔フードをばらまく/投げるなどして追いかけさせる，フードを入れた皿や知育おもちゃを家のあちこちに隠して探させるなど，捕食本能を満たす遊びをとり入れる
- ネコのトレーニング法が書かれた書籍や動画を紹介し，楽しく交流する時間を作るのもよい

【第4の柱】　好意的かつ一貫性があり予測可能な，人間とネコの社会的関係を構築すること

- 無理にではなく，あくまでもネコのペース・好むスタイルで交流する
- 声かけのみや遊びでの交流だけを好み，密な交流を嫌うネコもいるためネコの好みに合わせる
- ネコが自分で周囲の状況をコントロールできていると思えるようにお膳立てをする（＝ネコの立場になって考え，ネコに不満や葛藤を与えない）
- 嫌がるネコを無理に触ったり不必要に抱かず，触る場合は部位や触り方に気をつける
- 寝ているネコにはちょっかいを出さずにそっとしておくなど過干渉をやめる
- ネコをじらす，騙す，やりたいことを邪魔するといった意地悪や嫌がらせをしない
- ネコは大きな変化やイレギュラーで思いがけないできごとを好まないので，常に一貫性がありネコが予測可能な接し方や生活スタイルを心がける
- 飼い主はネコの嫌がることをよかれと思って行っている場合も多いので，指導の際はカウンセリング技法を駆使して，相手を頭ごなしに否定せずに共感を示しつつ，自身の行いの弊害に気づいて態度を改めてもらえるように話し合う

【第5の柱】　ネコの嗅覚の重要性を尊重した環境を用意すること

- マーキング用に爪研ぎを複数用意し，家のあちこちに設置する
- ネコのいる環境内の匂いに注意し，匂いの強いものや刺激臭のあるものは使わない
- 外の匂いを持ち込む場合や動物病院に連れて行った後の匂いなどに注意する
- ネコがよくこすりつける場所を清掃しない（匂いを残しておく）
- ネコフェイシャルフェロモンF3類縁化合物（フェリウェイ®）は手軽に利用でき，ネコが環境内で安心できる効果が期待できるのでお勧めである
    - ✔ネコがよく休息する場所に拡散器タイプを設置する
    - ✔ネコが利用するベッドやマット，通院時のキャリーやタオルなどにスプレータイプを噴霧する

第7章

問題行動の予防

第7章　問題行動の予防

1　適切なコンパニオンアニマルの選択

　現在でも好みや見た目でコンパニオンアニマルを選択する人は少なくない。しかしながら，今やイヌでもネコでも日々進歩を重ねる獣医学の恩恵を受けながら10年以上の天寿を全うするようになってきているのが事実である。飼いはじめてから，自分の生活環境やライフスタイルに合っていないことが判明しても遅過ぎるのである。そうであれば，現在の環境だけではなく将来設計も考慮に入れながら，終生飼養が可能で自分に合ったコンパニオンアニマルを選択せねばならないことは容易に理解できよう。これからコンパニオンアニマルを迎えようと考えている人が相談をするために動物病院を訪れることはあまりないかもしれないが，それでも，常に適切なアドバイスを与えられるような知識を得ておくことは必要であろう。

1) **動物種**：まずは動物種を選択せねばならない。たとえ好きであっても毎日散歩に連れ出せる余裕がないのであればイヌを飼うべきではない。比較的手がかからないとされるネコであっても室内で飼育するつもりであれば毎日のトイレ掃除は欠かすことができない。また，イヌやネコを飼育する場合には，飼い主の家族だけではなく，近隣に住む人たちの理解を得ておくことも必要となろう。家が集合住宅のような場合は，動物の飼育自体が許可されているかどうかをあらかじめ確認しておかねばならない。

2) **品種**：動物種が決定したら続いて品種を選択せねばならない。イヌやネコに限れば，まずは雑種か純血種かということになるであろう。雑種は疾病に対する抵抗力が比較的強いとされるが，多くの場合で両親の性質を知ることが不可能であるため，将来的な体格の大きさや行動特性を予測することが困難である。他方で純血種は，遺伝的疾患の可能性や抵抗力の弱さが指摘されつつも，特徴的な外見や行動特性を強化するよう選抜交配されてきたため，将来的な体型や行動特性を予測することが容易である。飼い主は，好みの外見を頭に描きながら，自らの生活環境やライフスタイルに合わせて品種を選択すればよいのである。

　　近年ではイヌやネコの行動特性が客観的に評価されてデータ化されているので参照するとよいかもしれない。たとえ小型であっても興奮しやすく活動性の高いジャック・ラッセル・テリアやミニチュア・ピンシャーなどは高齢の飼い主が世話をするのは容易ではないことが予想される。また，人気犬種のチワワやポメラニアンは子どもを咬む傾向が高いという調査結果があるため，小児のいる家庭には不向きかもしれない。将来の行動特性をある程度予測できる純血種の場合は，それに備えた予防処置をとることも可能となる。

3) **雌雄**：品種が決まれば雌雄を選択することになる。獣医師に対して実施されたアンケート調査によると，雌イヌの方がトイレのしつけやトレーニングがしやすく，より人なつこいとされている。他方で雄イヌは遊び好きで活動性が高いものの，雄性ホルモンであるテストステロンが原因となる問題行動が生じる危険性も高いようである（図7-1）。ネコでは，雌の方が不適切な場所での排泄が多く，より神経質と答えた獣医師が多かった（図7-2）。一般的に雄イヌにおいて多く発現すると考えられている問題行動は，自己主張性攻撃行動，縄張り性攻撃行動，イヌ同士の攻撃行動，過剰発声（警戒吠え）などで

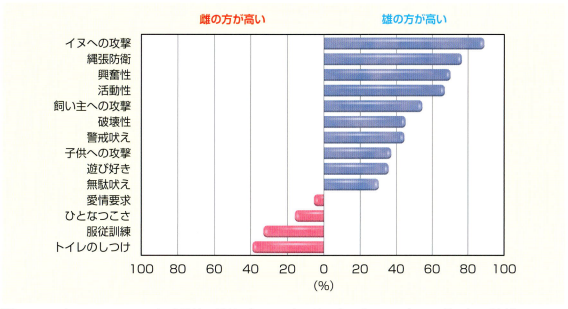

図 7-1　日本のイヌにおける行動特性の性差（雄もしくは雌の方が高いと評価した獣医師の割合）
（Takeuchi Y. & Mori Y.〈J. Vet. Med. Sci. 2006〉を改変）

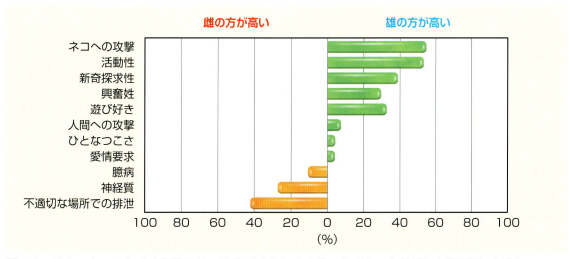

図 7-2　日本のネコにおける行動特性の性差（雄もしくは雌の方が高いと評価した獣医師の割合）
（Takeuchi Y. & Mori Y.〈J. Vet. Med. Sci. 2009〉を改変）

あり，雄ネコでは縄張り性攻撃行動，ネコ同士の攻撃行動，尿スプレー行動などがある。

4) **個体**：純血種であれば将来的な行動特性をある程度予測できるとはいえ，同じ品種であっても大きな個体差が存在する。一般的にその動物の将来的な行動特性を予測する上で重要な情報となるのは，両親の行動特性である。可能であれば，両親を見せてもらい，性質や行動特性をあらかじめよく知っておくとよい。ただし，両者のすべてが遺伝によって決定されるわけではない。

5) **入手先**：初めて動物を飼う場合は，良心的なブリーダーから入手することが勧められる。イヌでもネコでも8週齢くらいまでの期間を親や同腹の兄弟と暮らすことで，種特有のボディランゲージや社会ルールを学ぶことができるので，早期離乳の影響は甚大である。動物愛護法改正における8週齢規制により，子犬や子猫の販売時期についてはルール化されたものの，親や兄弟との分離時期については強制力がないのが現状である。良心的なブリーダーであれば，繁殖させている品種に対する知識が豊富なだけではなく，早期離乳をさせることもなく，両親の情報も十分与えてくれるものである。一方で，それ以

外の入手経路の場合は，早期に離乳されていたり，動物福祉の低い環境で親子を飼育している可能性もあるので，離乳時期や世話の仕方，飼育環境などについて，できるだけ情報収集しておくべきである。近年では保護された動物を迎える飼い主も増えてきている。その場合には，保護されていた施設などから，可能な限り動物の過去の情報を得ておくとよい。

2 十分な社会化と馴化

イヌやネコには社会化期（感受期ともよばれる：イヌでは3〜12週齢，ネコでは2〜9週齢）が存在する Column 18,19 。この社会化期の前半を母親や同腹の兄弟と共に過ごすことで，種特有のコミュニケーション方法や序列制の仕組みなどを学ぶとされている。そして，社会化期後半には人間社会で暮らしていくための準備をせねばならない。この時期の動物は好奇心も旺盛で新奇な環境や対象物に馴化しやすいのである。もし，この大切な時期を暗い小さな箱や安全な部屋の中で特定の人間としか出会うことができずに過ごすと，以降に見知らぬ対象に対して過剰な恐怖心を抱いたり，臆病な動物となってしまうことが知られている。それゆえその動物が将来接するであろう環境や対象物に対してこの時期に十分馴らしておくことが重要である。

飼育環境は飼い主の家族構成やライフスタイルによって大きく異なるが，最低限でも同種の動物，家庭内で他に飼育されている異種動物，さまざまな外見の人（制服を着た人，メガネをかけている人，お年寄り，子どもなど），イヌであれば散歩中に経験するであろう自動車，自転車，バイクなどに馴化させておかねばならない。屋外刺激のみならず，屋外の刺激（例えば，掃除機，洗濯機などの大きな音）や全身を触られたりブラッシングされることなどにも馴らしておくべきである。また，将来車で動物を移動させる可能性がある場合も，この時期から徐々に練習をはじめるべきである。

3 子イヌ教室・子ネコ教室への参加や個別相談の利用

前項で解説したように，子イヌや子ネコの時期に，同種の動物と過ごしながら，種特有のコミュニケーション方法や序列制の仕組みを学ぶことは重要である。とくに，離乳が早いことが疑われる場合は，子イヌ教室や子ネコ教室に参加してその機会を十分に設けるよう努力するとよい。これによって同種の他個体に対する攻撃性や警戒心に由来する問題行動を予防することができる。動物病院に行くと楽しいという経験になるので，動物病院やそのスタッフに馴れる良いきっかけとなる。さらに，子イヌ教室や子ネコ教室では，一般的なしつけ方法や健康管理方法に加えて，問題行動に関する予備知識を与えてくれる場合が多いため，飼い主による問題行動の早期発見が可能となる（ Column 20 参照）。また，近年では教室を開催していない場合でも個別に子イヌや子ネコの相談にのってくれる獣医師や愛玩動物看護師が存在する動物病院や施設などもあるので，そのような場所を利用するのもよいであろう。

4 適切な飼育環境の提供

近年発展を遂げつつある動物福祉学の考え方のなかに「5つの自由（five freedoms）」という基本概念があり，具体的には"飢えと渇きからの自由"，"不快からの自由"，"痛みや怪我，病気からの自由"，"恐怖や苦悩からの自由"，そして"正常な行動を表出する自由"を指す。

もともとこの考え方は，産業動物の福祉を念頭に提唱されたものであったが，現在では家庭動物にも広く敷衍されている。これらのうち前3者は，身体的健康に関するものであり，後2者はいわば動物の精神的健康に関する事項である。イヌもネコも適切な飼育環境が提供されることで心身の健康がともに守られ，問題行動の予防に繋がるものである。

5 飼い主とイヌの絆の構築

一般的な飼い主は，イヌを飼いはじめたときはトイレのしつけや甘噛み対策など熱心なものであるが，イヌが大きくなるとともに熱も冷め，ただ漫然と世話をしたりかわいがったりするようになるものである。このように育てられたイヌは，かまってもらえない寂しさから，また飼い主に対する過度の依存心や飼い主への信頼喪失などからさまざまな問題行動を発現することになる。こうした問題を予防するためにはイヌが小さいときから飼い主としっかりした絆を構築していかねばならない。

具体的には，小さい頃から簡単な合図（音声によるコマンドやハンドシグナルを含む）とイヌが大好きなおやつ（報酬）を利用しながら，毎日10分間のトレーニングを続けていくとよい。このトレーニング方法は基礎トレーニングとよばれ，多くの問題行動治療の際に適用されるものであるが，問題行動の予防にも有効であるのでとくに初めてイヌを飼う人たちに知っておいていただきたい（**巻末資料**参照）。

基礎トレーニングの目的は，飼い主とイヌが楽しく時間を過ごすことと，困ったときはいつでもリラックスして飼い主に指示を仰げば安心であるとイヌに思わせることである。基礎トレーニングでも「オスワリ」や「フセ」などの簡単な合図を利用するが，イヌはリラックスしてこれらの合図に従えばご褒美が与えられる。飼い主が合図を与える際も厳しい（命令）口調で叫ぶのではなく，イヌがリラックスして飼い主に集中できるよう優しく話しかけねばならない。こうして強制ではない信頼関係を培っていくのである。飼い主の家族全員が参加して基礎トレーニングを実践し，イヌの成長と共に健全な信頼関係が育まれていけば，多くの問題行動は未然に防がれることとなる。

6 飼い主の啓発

問題行動は，飼い主が問題であることを認識して初めて治療対象（真の問題行動）となり得るのである。しかしながら，飼い主が認識していない段階においても，摂食障害や異嗜，舐性皮膚炎などは動物の健康を直接脅かしかねないものであるし，分離不安や各種の恐怖症は飼い主が気づかないうちに動物の精神を蝕んでいるのである。攻撃行動，過剰発声（吠え），破壊行動，不適切な場所での排泄なども飼い主が耐えるだけでは済まない場合が少なくない。これらの問題を抱えているために叩かれたり，無視されたりする動物も不幸であるが，咬まれる恐怖に怯えながら世話をする飼い主がコンパニオンアニマルと暮らす楽しみを十分に享受しているとは思い難い。

もし，飼い主が問題行動とはどういうものであるか，そしてそれを予防する方法をあらかじめ知っていたならば，そのような不幸は減るはずである。動物が健康診断やワクチン接種などのために来院した際に，こうした知識を少しずつ与えていくことができれば，飼い主は早期に問題を認識することとなるため，簡単なアドバイスでそれを解消することができるようになる。飼い主との関係がこじれてしまった動物の治療が困難を極めることは容易に理解できよう。他の獣医療と同様，行動診療においても，早期発見・早期治療が重要なのである。

Column 18　イヌの行動発達過程

　イヌ科やネコ科の動物は1度に複数の子を産むが，子ども達は目も耳もふさがった非常に未熟な状態で誕生し，当分の間は母親に完全に依存して生命を維持する。そして巣立つまでの間に母親や兄弟そして群れの仲間から，コミュニケーションのとり方，群れの掟，獲物のとり方といった多くのことを学んでいく。イヌが人間の家庭の中に家族の一員として完全に溶け込むことができるのは，こうした発達行動学的な特性が背景にあるからだと考えることもできるであろう。

　今からおよそ半世紀前に米国のメイン州バー・ハーバーの研究所でイヌの行動発達に関する大掛かりな研究が行われ，多くの重要な発見がなされた。そのひとつが，子イヌの行動発達段階に関するものであり，長年にわたる研究成果の蓄積から，新生子期（neonatal period），移行期（transition period），社会化期（socialization period），若齢期（juvenile period）の4段階に分けられるという考え方が提唱された。この基本的な概念は現在でも広く受け入れられているが，さらに母イヌの子宮内における環境の影響にも配慮してこれに出生前期（prenatal period）が加えられることもある。

■**新生子期（neonatal period）**：生まれてからの約2週間が新生子期であり，子イヌはまだ自分で排泄することもできず母親にすべてを依存している。感覚機能としてはわずかに触角と体温感覚，化学感覚である味覚と嗅覚が備わっているくらいで，視覚も聴覚も未発達である。しかしこうしたごく初期でも刺激に反応することはでき，新生子期のハンドリングによって成長後のストレス抵抗性や情動的安定性，学習能力などが大きく改善されることを示した報告もある。実験動物（ラットやマウス）を使った最近の研究からは，出生後の数日間に母親から受ける世話の量的・質的な差異が成長後における不安傾向や攻撃性といった行動特性に深刻な影響を与えることが明らかにされている。

■**移行期（transition period）**：生後2～3週間くらいまでの短い時期をいう。この間に子イヌは目が開き（生後13日前後）また耳道が開いて音に反応できるようになる（生後18～20日）ので，行動的にも新生子期のパターンから子イヌのパターンへと変化がみられる。母イヌに陰部を刺激してもらわなくても排泄が可能となり，まだぎこちないが歩くことができはじめるので，寝床の外に出て排尿や排便をしたり，同腹犬とじゃれあって遊びはじめる。また唸ったり尾を振ったりといった社会的行動のシグナルを表現し始めるのもこの頃である。移行期の終わりは，野生のオオカミの子が暗い巣穴の中から初めて外界に出てくる時期に相当するとされる。

■**社会化期（socialization period）**：社会化とは，子イヌがともに暮らす仲間の動物（ヒトも含まれる）との適切な社会的行動を学習する過程であり，イヌの行動発達に関する初期の研究において最も深い関心が向けられてきた課題である。

　移行期に続く生後3～12週間くらいまでの時期に子イヌの社会化が起こると考えられている。社会化期においては，かつては臨界期（critical period）という言葉が使われ，この間にさらされた特定の刺激によって行動が長期にわたり不可逆的な影響を受けるごく限れた狭い範囲の発達期間と理解されていた。しかし，その後の研究から社会化期の始まりや終わりの線引きは当初考えられていたほど厳密なものではなく徐々に移行する性質のものであり，またこの期間中に獲得した行動パターンや好き嫌いに関する選好的なものは，もちろん難易はあるとしても後から修正できることが明らかになったこともあって，現在では感受期（sensitive period）という言葉も使われる。社会化期には犬種や個体による差が存在することもわかっている。

　この期間には感覚機能や運動機能が著しく発達し，歯が生えて摂食行動や排泄行動が成年型を示すようになり，結果として子イヌに多くの新しい行動が出現する。他のイヌやヒトをみると追いかけたり，前肢を上げて遊びに誘ったり，遊びの中で吠えたり噛んだりしはじめる。オオカミの子では社会化期の間に，両親や同腹の子ども達，群れの仲間に対する愛着関係が形成されるが，子イヌはこの時期に飼い主の家族や同居しているネコなど異種の動物に対しても社会的な愛着関係を作り上げることができる。社会化期における経験によっては将来のパートナーや自分が属する種に対する判断さえ影響されることが示されている。また愛着の対象は生物だけでなく環境の非生物的要因にも及ぶため，場所への愛着（site attachment）とよばれるような現象が生ずることもある。

社会化期の初期である3〜5週齢では、まだ子イヌはヒトや新たな環境に接しても恐怖心や警戒心を表さない。6〜8週齢には、見知らぬ対象に近づいたり接触しようとする社会的動機づけの方が警戒心を上回るため、この時期が感受期のピークとなる。この時期を過ぎると、初めての人間や場所に対して次第に強い不安や恐怖を示すようになり、12週齢を過ぎるとこの反応が明瞭となって社会化期は事実上終了することになる。つまり社会化期の各時期には、見知らぬ相手に近づいてみようとする社会的動機づけと、逃げだそうとする動機づけという遺伝的に独立した動機づけシステムがそれぞれの段階に応じて割合を変えながら相反しあって機能していると考えることができる。情動反応や記憶形成に深くかかわる大脳辺縁系の機能的発育と、社会化期における行動発達の関連に興味がもたれている。とくに生物学的価値判断のセンターである扁桃体は、見知らぬ事物に対して警戒心や不安を引き起こす役割を担っているが、この価値判断の機構が未発達なうちは何でも無邪気に受け入れることができるのであろう。すなわち社会化期にみられる柔軟な対応の神経学的基盤である。この時期に経験しなかった事象に後から遭遇すると、子イヌのレパートリーにない新奇なものとして警戒や恐怖の反応が惹起されると思われる。それゆえ神経行動学的観点からは、社会化期を生物学的価値判断機構の発達プロセスとみなすこともできそうである。

■**若齢期**（juvenile period）：若齢期は性成熟に至るまでの期間であり、犬種や個体による差が大きいが、上限はおおむね6〜12ヵ月齢までとされる。社会化期のあと6〜8ヵ月齢までの間に適切な社会的強化がないと、せっかく社会化した対象にふたたび恐怖心をいだくようになることもあるという。オオカミでは、4〜6ヵ月齢頃に、恐怖を引き起こす刺激に対して再び強い感受性を示す時期、すなわち第2の感受期があるといわれており、これが上述の後戻り現象に関連していると考えられている。

社会化期から若齢期を通して、遊びは子イヌの正常な行動発達に重要な役割を果たす。遊びを通じて子イヌは複雑な運動パターンを学習し身体能力を磨くと同時に、イヌ特有のボディランゲージを理解できるようになり、また遊び相手の反応から噛む強さを抑制することも覚えて、社会的な相互関係におけるルールを学ぶのである。子イヌの間での社会的序列もこうした遊びや他の社会的行動を通じて徐々に形成されていくが、遊びがもつ特徴のひとつとして、遊びの中では劣位の個体が支配的な振る舞いをするといった序列の逆転も許されるということがある。遊びは、オオカミのようなイヌ科の野生動物の子ども達にとっては仲間と協力し合って狩猟を行うための訓練であると同時に、群れの中での序列の維持や侵入者を撃退するための闘争技術を磨くための重要な機会でもある。

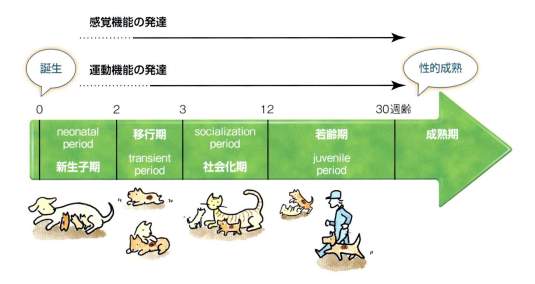

図　イヌの行動の発達過程

Column 19　初生期環境と行動発達

　ヒトや動物の性格形成において，"氏か育ちか（Nature or Nurture ?）"という論争が長年繰り広げられてきたが，現代では，遺伝と環境どちらも重要であると理解されている。2015年に2,500を超える双生児研究のメタ解析結果が報告されたが，ヒトにおいて性格を含む個人の特性や疾患には，遺伝と環境が同等の影響を及ぼすと結論づけている。また，イヌにおける性格の遺伝率推定では，品種や性格の測定方法による違いはあるものの，おおむね10～30％の範囲にある。つまりそれ以外の部分は，環境により説明されるということである。環境要因には，動物を取り巻く物理的環境と社会的環境があり，過去と現在の環境を通して動物は常に学習し，自身の行動を変容させていく。ここでは，特に初生期の社会的環境に焦点をあてて，行動発達にどのような影響を及ぼすかについて紹介する。

　イヌやネコは目も耳も未発達な状態で生まれてくる，いわゆる晩成性の動物である。母動物による哺乳，保温，衛生管理なしには生きていくことができず，その分，母性行動の影響が大きいと考えられている。このような母性行動の影響は，齧歯類で多く研究されており，通常よりも早くに離乳された子では成長後に不安行動や攻撃行動が増加すること，ストレス反応からの回復に障害を受けること，恐怖記憶が消去されにくくなること，自身が母になった際に子へのグルーミングが減少することが示されている。同様に，母親からのグルーミング回数が少なかった子においても，不安傾向の増加や痛み感受性の増加，母性行動の低下が示されており，母親の世話の程度が子に対して永続的な影響を与えることが明らかとなっている。ネコにおいては，8週齢未満で母から離した群では12～13週齢で離した群と比較し，見知らぬ人間への攻撃性が高いことや，7週齢未満で離乳すると毛織物吸い行動がみられやすいことが報告されている。

　また，視床下部や大脳辺縁系が発達する社会化期は，その個体にとっての快/不快刺激を決める重要な時期である。イヌでは生後約3～12週齢，ネコでは2～9週齢と考えられており，この時期にヒトとの接触があるかどうかによって，その後の見知らぬ人間への友好性に大きな違いが出ることが示されている。音への感受性についても社会化期の音への暴露が重要であると報告されており，人間社会で暮らすイヌやネコにとって，社会化期に馴化や社会化を開始すべき根拠となっている。

　このようにイヌやネコでは，生まれてから2～3ヶ月の間に受ける母親からの世話と将来遭遇する刺激への馴化・社会化が，初生期における重要な社会的環境要因と言えよう。しかし，自宅で出産させたり野良の子ネコを保護した場合を除いて，飼い主が子イヌや子ネコに直接的に適切な環境を提供する機会がほとんどないというのが難しい点である。2019年の改正動物愛護管理法により生後8週齢未満のイヌやネコの販売が制限されるようになり，一見すると早期の離乳を回避できているようだが，販売と離乳は必ずしも同じではないため，離乳時期を直接的に規制していることにはならない。また，母親にストレスがかかるような環境や母性行動の少ない母親の場合には，離乳をしていなくても子は母親からの世話をあまり受けていないかもしれず，母性行動の質や量はブリーダーに大きく依存することとなる。また，8週齢で子犬を迎えたとして，社会化期は残り4週間である。トイレのしつけと甘噛みの対応に追われ，家の中で家族としか出会わないまま社会化期の終わりを迎えてしまう家庭も少なくないだろう。10週齢で保護した野良ネコは，ヒトとの関わりがほぼないまま社会化期を終えたことになる。いずれもその個体が置かれた環境における正しい学習の結果ではあるのだが，怖がりであったり，他人や他の動物に友好的でない性格となり，人間社会での軋轢につながってしまうだろう。残念ながら過去に戻って環境を変えることはできないが，通常の診察時に接する際や問題行動の予防を考える際，そして問題行動の治療方針を決定する際にも個々の動物の初生期環境に関する情報を役立てていただきたい。

Column 20　子イヌの社会化教室

　見知らぬイヌや人間に対しても友好的で自信に満ちた態度で接することのできる社交的な成犬に育つためには，社会化期の感受性の高い時期に子イヌが兄弟や母親だけでなく人間にも十分に接し，また日常的なハンドリングや多種多様な新奇刺激に暴露され，生活環境におけるさまざまな場面を幅広く経験しておくべきである。子イヌの社会化教室は7～16週齢くらい（できれば初回のレッスン参加は12週齢までが望ましい）の子イヌを対象に計画されるもので，これは若齢犬のトレーニング教室とは異なる。米国での長年にわたる取り組みで大きな成功が収められたことから，今や世界中の多くの国々に広く普及している。この教室においては，ほとんどのメニューが快刺激の対呈示による古典的条件づけや正の強化によるオペラント条件づけで実施され，子イヌが不安や恐怖を感ずることはほぼないといえる。そのためこの教室は子イヌの社会化を助けるばかりでなく，子イヌが将来にわたって動物病院やスタッフと慣れ親しむことができるような機会を提供し，また飼い主にとってはイヌの正常な行動や問題行動への対処について正しい知識を身につけることができる絶好のチャンスとなる。また飼い主と獣医師の信頼関係を構築する上でも大きな手助けとなることが証明されている。何より参加者（子イヌ，飼い主，スタッフ）の誰にとっても楽しいイベントであるため，この教室を通じてイヌと飼い主の双方が自然に教育されていく点が素晴らしいと思われる。

　こうした数々のメリットがある一方で，以下に挙げるようないくつかのデメリットも指摘されているため，開催する場合は注意や配慮をしなければいけない。

　1つ目は，新生子期に見知らぬ他の子イヌたちや動物病院という環境にさらされることで生ずる重篤な伝染性疾患罹患の危険性である。これに関しては初回ワクチン接種後1週間たってから健康が確認された子イヌたちとともに，病院待合い室などとは別の，より安全かつ衛生管理がなされた場所で教室を開くというプログラムが推奨されるようになっている。

　2つ目は，知識やスキルが未熟なインストラクターが開催することによる子イヌへの悪影響である。教室の進め方によっては，社会化が円滑に進まないだけでなく，刺激に慣れさせるつもりがトラウマになってしまったり，子犬の望ましくない行動を強化するような対応をしてしまうことで，問題行動を呈するようになってしまうことすらある。よってインストラクターには，イヌの発達と成長，学習理論・ボディランゲージなどに関する十分な知識はもちろんのこと，現場でのすぐれた観察力・コミュニケーション力・指導力・応用力などの実践スキルを身につけていることが求められる。子イヌの行動だけでなく飼い主の行動や言動にも注意を払い，適切な介入やわかりやすく実践しやすい指導をすることが必要である。

　3つ目は，教室にはさまざまなタイプの子イヌや飼い主が参加するため，すでに恐怖や不安・攻撃性・興奮性・過敏性などの問題を抱えた個体や，協調性や理解力が欠けていたり迷惑な言動をするなど問題のある人が参加する可能性があることである。こういった子イヌや飼い主は，他のイヌや飼い主の気分を害したり学習の邪魔をするだけでなく，自身も大きなストレスを抱えて参加することになり正しい知識や行動を学習することが困難な可能性がある。よってそういった子イヌや飼い主がいたら，その場では柔軟に対応するとともに，次回以降の参加スタイルを工夫したり，教室ではなく個別の行動診療を勧めるなど，臨機応変な対応をするべきである。

　このようなデメリットを上手に克服し，我が国における子イヌの社会化教室の普及が今後も進んで，結果として問題行動の発生が減少し，幸せな関係を築ける飼い主とイヌが増えてゆくことが望まれる。

巻末資料

診察前調査票(質問票)
日本獣医動物行動学会のホームページ
(https://vbm.jp/) より
PDF版がダウンロードできます。
  イヌの飼い主への質問用紙(9ページ)
  ネコの飼い主への質問用紙(9ページ)

基礎トレーニング(説明資料)
必要に応じてコピーしてハンドアウトとして
お使いください。

イヌの飼い主への質問用紙

カルテ番号：＿＿＿＿＿＿＿　　飼い主氏名：＿＿＿＿＿＿＿

■ 全般的な情報

記入日付：西暦＿＿＿＿年＿＿月＿＿日

記入者氏名：＿＿＿＿＿＿＿＿＿＿＿＿＿＿＿＿＿＿＿＿＿

住所：〒＿＿＿＿＿＿＿＿＿＿＿＿＿＿＿＿＿＿＿＿＿＿＿

自宅電話：＿＿＿（＿＿＿）＿＿＿＿　　ファックス：＿＿＿（＿＿＿）＿＿＿＿

イヌの名前：＿＿＿＿＿＿＿　　品種（毛色）：＿＿＿＿＿＿（＿＿＿＿＿）

生年月日：西暦＿＿＿＿年＿＿月＿＿日（＿＿歳）　　体重：＿＿＿kg

性別（○で囲んで下さい）：　　雄　　去勢済雄　　雌　　避妊済雌

かかりつけの動物病院　病　　院　　名：＿＿＿＿＿＿＿＿＿＿＿＿＿＿＿

　　　　　　　　　　　獣医師氏名：＿＿＿＿＿＿＿＿＿＿＿＿＿＿＿

　　　　　　　　　　　住　　　　所：〒＿＿＿＿＿＿＿＿＿＿＿＿＿＿＿

　　　　　　　　　　　電　　　　話：＿＿＿（＿＿＿）＿＿＿＿

1 問題行動の内容と経過

問題行動 その1

1.1 相談したい行動上の主な問題（以下問題行動と呼びます）とは何ですか？　<u>一つだけ</u>○で囲んで下さい。
　a) 攻撃行動　　b) 破壊行動　　c) 無駄吠え　　d) 恐怖症　　e) 家の中での不適切な排泄　　f) 自傷行動
　g) その他（　　　）

1.2 主な問題行動はどのくらいの頻度ですか？　当てはまるところに記入して下さい。
　a) 1日に＿＿＿回　　b) 1週間に＿＿＿回　　c) 1ヵ月に＿＿＿回

1.3 初めてその問題行動が起こったのはいつですか？
　a) 6ヵ月齢未満　　b) 6ヵ月齢～1歳齢　　c) 1～2歳齢　　d) 2歳齢以上

1.4 いつからその問題行動を治すべきだと認識しましたか？
　a) 6ヵ月齢未満　　b) 6ヵ月齢～1歳齢　　c) 1～2歳齢　　d) 2歳齢以上

1.5 問題行動が始まってから現在に至るまでの間に，起こる頻度や程度，内容などに変化はありましたか？
　頻度：a) 多くなってきた　　b) 少なくなってきた　　c) 変わらない
　程度：a) ひどくなってきた　　b) よくなってきた　　c) 変わらない
　内容：（　　）

1.6 問題行動の引き金となるものや，その問題行動が起こる状況を挙げて下さい。

1.7 実際に最近起こった問題行動を詳しく書いて下さい。
　　（日時，場所，攻撃行動の場合は相手，人間の存在の有無，あなた自身の反応などについて）
1. 最も最近の出来事（日時：　　　　　　　　　　　　　　　　　　　　　　　　　　　　　　　　　　）

2. その前の出来事（日時：　　　　　　　　　　　　　　　　　　　　　　　　　　　　　　　　　　　）

3. さらに前の出来事（日時：　　　　　　　　　　　　　　　　　　　　　　　　　　　　　　　　　　）

その他の特別な出来事（日時：　　　　　　　　　　　　　　　　　　　　　　　　　　　　　　　　　）

1.8 その問題行動を矯正するために
　― 何をしましたか？
　a) 口頭で叱った　　　b) 叩いた　　　c) イヌを仰向けにした　　　d) 薬物を投与した
　e) 専門家に相談した（行動学者　獣医師　訓練士　その他　←〇をつけて下さい）
　f) その他（　　）

　― どのくらいの期間実施しましたか？

　― それは問題行動の改善に役立ちましたか？

問題行動 その2
1.9 次に相談したい問題行動について<u>当てはまるもの全て</u>を〇で囲んで下さい。
　a) 攻撃行動　　　b) 破壊行動　　　c) 無駄吠え　　　d) 恐怖症
　e) 家の中での不適切な排泄　　　f) 自傷行動
　g) その他（　　）

1.10 初めてその問題行動が起こったのはいつですか？
　a) 6ヵ月齢未満　　　b) 6ヵ月齢～1歳齢
　c) 1～2歳齢　　　d) 2歳齢以上

1.11 問題行動の引き金となるものや，その問題行動が起こる状況を挙げて下さい。

2 家の環境

2.1 あなたを含め家族全員の性別，年齢，あなたとの関係（夫・母・子など），
仕事や学校などで家を留守にする時間帯（平日の平均）を書いて下さい。

関係	性	年齢	留守にする時間帯
例　祖父	男	68	8:00 ～ 15:00

2.2 あなたのイヌと家族の関係について書いて下さい。（例：父親に一番なついている，子供のそばに行きたがらないなど）

2.3 飼っている動物全ての名前，種類（品種），性別，不妊手術の有無，
飼い始めた年齢，現在の年齢，飼い始めた順序を教えて下さい。

名前	種類（品種）	性別	不妊手術	飼い始めた年齢	現在の年齢	順序
当該動物	イヌ（　　　　）					

2.4 問題となっているイヌと他の動物との関係を教えて下さい。
　a）仲良し　　　b）喧嘩が絶えない　　　c）怖がる　　　d）お互いに無関心

2.5 あなたの住んでいる場所は？　　　　　　　　　　　　　　　　　　　　　　　　a）都会　　　b）郊外　　　c）田舎
2.6 あなたの家は？
　a）一軒家（庭：あり　　なし）　b）集合住宅（アパート，マンションなど）

2.7 あなたの家の部屋の数は？

3 イヌの経歴

3.1 イヌを手に入れた理由は？
　a）愛玩用　　　b）護衛用　　　c）作業用
　d）その他（　　　　　　　　　　　　　　　　　　　　　　　　　　　　　　　　　　　　）

3.2 この犬種を選んだ理由は？

3.3 これまでにイヌを飼育した経験はありますか？　　　　　　　　　　　　　　　　はい　　いいえ
　はいと答えた方，頭数・犬種・飼育場所（室内／屋外）について教えて下さい。

3.4 どこでイヌを手に入れましたか？
　　a) ペットショップ　　b) ブリーダー　　c) 友人から　　d) 保健所　　e) 迷いイヌ
　　f) その他（　　　　　　　　　　　　　　　　　　　　　　　　　　　　　　　　　）

3.5 親犬，同腹犬，兄弟・姉妹犬に会ったことはありますか？　　　　　　　　　　　はい　　いいえ
　　はいと答えた方，どのような性格でしたか？　また，何らかの問題行動を持っているという情報はありますか？

3.6 以前，他の人に飼われていましたか？
　　a) いない　　　b) 1人　　　c) 2人以上

3.7 去勢もしくは避妊手術を受けましたか？　　　　　　　　　　　　　　　　　　　はい　　いいえ
　　はいと答えた方，それは…　　　　　　　　　　　　　　　　　　　　　　　_____歳_____ヵ月

3.8 手術後，あなたのイヌの行動に変化はありましたか？

4 食事と摂食行動

4.1 どんな食事をあげていますか？
　　a) ドライフード　　b) 缶詰　　c) 半生タイプ　　d) ドライフードと缶詰　　e) 人間の食物（米，肉，魚等）
　　f) その他（　　　　　　　　　　　　　　　　　　　　　　　　　　　　　　　　　）

4.2 どのくらいの頻度で食事を与えますか？　　　　　　　　　　　　　　　1日_____回
　　またそれは何時頃ですか？　　　　　　　　　　　　　　　　　　　　　食事の時間_____

4.3 誰が食事をあげますか？　　　　　　　　　　　　　　　　　　　　　　_____

4.4 どこであげますか？　　　　　　　　　　　　　　　　　　　　　　　　_____

4.5 あなたのイヌの大好きなおやつは何ですか？　　　　　　　　　　　　　_____
　　どの位の量を与えていますか？

　　　　　　　　　　　　　　　　　　　　　　　　　　　　　　　　　　　_____

4.6 そのおやつはどのようなときにあげますか？　　　　　　　　　　　　　_____

4.7 サプリメントは与えていますか？　　　　　　　　　　　　　　　　　　　　　　はい　　いいえ
　　はいと答えた方，それはどのような種類ですか？

　　　　　　　　　　　　　　　　　　　　　　　　　　　　　　　　　　　_____

5 生活習慣

5.1 あなたのイヌの典型的な一日の生活パターンを詳しく書いて下さい。
　　　（起床〜就寝について，散歩や留守番などの情報も含めて，時刻とともに書いて下さい）

5.2 あなたのイヌにはハウスがありますか？　　　　　　　　　　　　　　　　　　　はい　　いいえ
　　はいと答えた方，それは・・・
　　a) サークル　　b) ケージ　　c) その他（　　　　　　　　　　　　　　　　　　　　　）

大きさは？　　　　　　　　　　　　　　　　　　　　　　　　　　　＿＿＿＿＿＿＿＿＿＿＿

5.3　あなたのイヌは夜どこで寝ますか？
　　a) 屋外　　　b) 家の中の自由な場所　　　c) 専用のベッド　　　d) あなたのベッド

5.4　一日のうち留守番する時間はありますか？　　　　　　　　　　　　　1日約＿＿＿＿＿＿時間

5.5　あなたのイヌが家で留守番をする場合はどこにいますか？　　　　　　＿＿＿＿＿＿＿＿＿＿＿

5.6　あなたの家族とイヌが2メートル以内の距離にいる時間はどのくらいありますか？　　1日約＿＿＿＿＿＿時間

5.7　あなたはイヌに毎日どのような運動をさせていますか？　〇をつけて長さ（時間）も書いて下さい。
　　a) リードつきで散歩する　　　　　　　　　　　　　　　　　　　　＿＿＿＿＿＿＿＿＿＿＿
　　b) リードなしで飼い主とともに散歩する　　　　　　　　　　　　　　＿＿＿＿＿＿＿＿＿＿＿
　　c) 飼い主とは関係なく自由に歩きまわらせる　　　　　　　　　　　　＿＿＿＿＿＿＿＿＿＿＿
　　d) 庭に放す　　　　　　　　　　　　　　　　　　　　　　　　　　　＿＿＿＿＿＿＿＿＿＿＿
　　e) 屋外でおもちゃなどを使って遊ばせる　　　　　　　　　　　　　　＿＿＿＿＿＿＿＿＿＿＿
　　f) 家の中でおもちゃなどを使って遊ばせる　　　　　　　　　　　　　＿＿＿＿＿＿＿＿＿＿＿
　　g) その他（具体的に：　　　　　　　　　　　　　　　　　　　　　　　　　　　　　　　　）

5.8　あなたのイヌが屋外で過ごす時間は？
　　a) 全くない　　　b) 1時間未満　　　c) 1～6時間　　　d) 6時間以上

5.9　イヌとどのように遊びますか？
　　a) 撫でる　　　b) おもちゃを投げる　　　c) 取っ組み合い　　　d) ひっぱりっこ

5.10　どんなおもちゃを持っていますか？
　　a) 持っていない　　　b) 投げるおもちゃ　　　c) 噛むおもちゃ
　　d) その他（　　　　　　　　　　　　　　　　　　　　　　　　　　　　　　　　　　　　）

5.11　他のイヌと遊ぶことはありますか？　　　　　　　　　　　　　　　　　はい　　いいえ
　　　はいと答えた方，それは・・・　　　　　　　　　　　　　　　　　1日約＿＿＿＿＿＿分
5.12　あなたのイヌは家の中で排泄しますか？　　　　　　　　　　　　　　はい　　いいえ
　　　はいと答えた方，それは・・・　　　　　　　　　a) 尿　　　b) 糞便　　　c) 両方
　　　トイレ以外の場所ですか？　　　　　　　　　　はい（頻度：　　　　　　）　　いいえ

6 トレーニング

6.1　あなたのイヌは，どのようなトレーニングを受けていますか？
　　a) 受けていない　　　b) 家で行った　　　c) 訓練所に通っていたが途中でやめた
　　d) 訓練所に通って修了した　　　e) 訓練所に預けてトレーニングをしてもらった

6.2　いくつの時にトレーニングを開始しましたか？　　　　　　　　　　　＿＿＿＿＿＿＿＿＿＿＿

6.3　家でトレーニングした場合，家族の中で主に誰が行いましたか？　　　＿＿＿＿＿＿＿＿＿＿＿

6.4　訓練所の場合，どのような方法によるトレーニングでしたか？

6.5 訓練所の場合，どれだけの期間，通い（あるいは預け）ましたか？

　　_____

6.6 あなたのイヌはどのぐらいの割合で指示（合図）に従いますか？ それぞれの家族について100％（常に），75％（たいてい），50％（時々），25％（まれに），0％（全く従わない），教えていないの中から選んで書き込んで下さい。

指示する人	お座り	伏せ	待て （30秒以上）	来い	つけ （引っ張らないで）
例；父	100%	100%	50%	25%	0%

6.7 あなたのイヌが指示に従わない状況はどんな時ですか？ （例：他のイヌがいる時，客がいる時など）

6.8 あなたのイヌはあなたに対して吠えますか？　　　　　　　　　　　　　　　　　　はい　　いいえ
　　 はいと答えた方，それはどのようなときですか？

　　_____

6.9 あなたのイヌがイタズラをした場合はどのように叱っていますか？
a) 口頭で叱るのみ　　　b) 叩く　　　c) 無視する
d) その他（　　　　　　　　　　　　　　　　　　　　　　　　　　　　　　　　　　　　　　　）

7 病歴

7.1 現在この問題や他の病気で治療を受けていますか？　　　　　　　　　　　　　　　　はい　　いいえ
　　 投薬を受けている場合，薬の名前を書いて下さい。

　　_____

7.2 過去に治療を受けたことがありますか？　　　　　　　　　　　　　　　　　　　　　はい　　いいえ
　　 はいと答えた方，どのような治療ですか？

　　_____

攻撃行動スクリーニング表

攻撃行動が問題ではない人も記入して下さい。記入する際には次の記号を使って下さい。

常にやる：◎　　時々やる：○　　稀にやる：△

	咬む 咬む真似	歯を 剥出す	うなる	攻撃的 反応はない	試した事が ない
1. イヌを撫でる					
2. イヌを抱きかかえる					
3. イヌをソファやベッドから降ろそうとする					
4. ソファやベッドに乗っているイヌの横を通る					
5. 寝ているイヌに近づく					
6. 寝ているイヌに触る					
7. イヌのケージのそばを歩く					
8. イヌが食べているときに近づく					
9. イヌが食べているときに触る					
10. イヌが食べているときにその食事に触る					
11. イヌが食べているときに食事を継ぎ足す					
12. イヌの食事を取りあげる					
13. イヌの水入れを取りあげる					
14. 空の食器を取りあげる					
15. イヌが好物やおもちゃを持っている時に近づく					
16. イヌの特別な好物を取りあげる					
17. イヌが盗んだもの（食べ物・靴下など）を取りあげる					
18. イヌのおもちゃを取りあげる					
19. イヌに指示（合図やコマンド）を与える					
20. イヌを口頭で叱る					
21. イヌを叩くまねをする					
22. イヌを叩いて叱る					
23. イヌの口（マズル）をつかむ					
24. イヌの首輪や首筋を捕まえる					
25. リードや首輪による懲戒に対して					
26. イヌを10秒程度じっと見つめる					
27. イヌのいる部屋に入る					
28. イヌを部屋に置き去りにする					
29. リードをつけたり外したりする					
30. 首輪をつけたり外したりする					
31. イヌの足拭きをする					
32. イヌを洗う					
33. イヌをタオルで拭く					
34. イヌにブラシをかける					
35. イヌの顔や口の周りを触る					
36. イヌの爪を切る					
37. イヌに目薬，耳薬，内服薬を与える					
38. トリマーに対して					
39. 動物病院で					
40. 見知らぬ大人が家か庭に入ってくる時					
41. 見知らぬ子供が家か庭に入ってくる時					
42. 知っている大人が家か庭に入ってくる時					
43. 知っている子供が家か庭に入ってくる時					
44. 家の外にいる通行人に対して					
45. 料金所などで車外の人間に対して					
46. 散歩中に近づいてくる見知らぬ大人に対して					
47. 散歩中に近づいてくる見知らぬ子供に対して					
48. 散歩中，他のイヌに対して					
49. 散歩中，猫や小動物に対して					

8 治療について

8.1 あなたは，イヌの行動治療を受けるにあたって，どの程度の覚悟をしてますか？ 次の5つの中から選んで下さい。
1. 問題行動はそれ程深刻ではありませんが，興味があるため来院しました。
2. 問題行動はそれ程深刻ではありませんが，できればやめさせたいと思っています。
3. 問題行動が深刻なので是非やめさせたいが，もしやめさせられなくても構いません。
4. 問題行動はかなり深刻なので是非やめさせたいが，もしやめさせられなくても飼い続けます。
5. 問題行動はかなり深刻なので是非やめさせたい。もしやめさせられない場合は，
   このイヌを飼うことを諦めるか，安楽死を望みます。

8.2 あなたはこの問題行動を治療するために，一日平均どのくらいの時間を割くことができますか？

1日約＿＿＿＿時間

8.3 あなたは薬を併用することを望みますか？　　　　　　　　　　　　　　　　　　　はい　いいえ

9 攻撃行動

9については，攻撃行動が問題となっている方のみ，お答え下さい。

9.1 攻撃行動の対象は？当てはまるもの全てを〇で囲んで下さい。
a) 飼い主　　b) 飼い主以外の家族　　c) 家族以外の人間　　d) 他のイヌ　　e) 他の動物

9.2 あなたはイヌが攻撃的になりそうな時を予期できますか？　　　　　　　　　　　　はい　いいえ

9.3 あなたのイヌの攻撃行動の特徴について教えて下さい。
1) 唐突に攻撃行動が起こるので二重犬格だと感じる　　　　　　　　　　　　　　　はい　いいえ
2) 挑発されることもないのに攻撃行動が起こる　　　　　　　　　　　　　　　　　はい　いいえ
3) 攻撃行動が起こった後に突然従順になる　　　　　　　　　　　　　　　　　　　はい　いいえ
4) 攻撃行動をとった後にすまなそうにしている　　　　　　　　　　　　　　　　　はい　いいえ
5) 攻撃行動をとった後に混乱しているようである　　　　　　　　　　　　　　　　はい　いいえ
6) 攻撃行動は"どんよりした"もしくは"ぼんやりとした"表情を伴って起こる　　　　はい　いいえ
7) 何が攻撃行動を引き起こすか常にわかっている　　　　　　　　　　　　　　　　はい　いいえ
8) 攻撃行動は最近始まったので特徴はよくわからない　　　　　　　　　　　　　　はい　いいえ

9.4 あなたのイヌは，血が出るほど咬みついたことがありますか？　　　　　　　　　　はい　いいえ

9.5 初めて出血するような攻撃をしたのはいつ頃でしたか？　　　　　　　　　＿＿歳＿＿ヵ月齢

9.6 血が出るほど咬みついたのは何回ですか？　　　　　　　　　　　　　　　　　　＿＿＿＿回

9.7 血が出なくても咬みついたことがある場合，それは全部で何回ですか？　　　　　＿＿＿＿回

9.8 攻撃行動（うなる，咬む真似をする，実際に咬むなど）は全部で何回ありましたか？　＿＿＿＿回

9.9 あなたのイヌはどの場所を咬みましたか？
a) 足　　b) 手や腕　　c) 顔　　d) お尻や背中
e) その他（　　　　　　　　　　　　　　　　　　　　　　　　　　　　　　　）

9.10　典型的な攻撃行動について書いて下さい。
　　　（どのような状況で，どのような行動（うなる，突進する，咬むなど）をとるのかについて書いて下さい）

9.11　もしあなたのイヌが前述の状況下に10回おかれたならば，攻撃行動は何回くらい起こるでしょうか？
　　_____回

9.12　あなたのイヌが初めて人間に対してうなったのはいくつの時ですか？　　　　_____歳_____ヵ月齢
　　　どのような状況でしたか？

9.13　あなたのイヌが初めて人間に対して咬む真似をしたり咬みついたのはいくつの時ですか？　_____歳_____ヵ月齢
　　　どのような状況でしたか？

提供：日本獣医動物行動学会

ネコの飼い主への質問用紙

カルテ番号：＿＿＿＿＿＿＿　飼い主氏名：＿＿＿＿＿＿＿

■ 全般的な情報

記入日付：西暦＿＿＿＿年＿＿月＿＿日
記入者氏名：＿＿＿＿＿＿＿＿＿＿＿＿＿＿＿＿＿＿＿＿＿＿＿
住所：〒＿＿＿＿＿＿＿＿＿＿＿＿＿＿＿＿＿＿＿＿＿＿＿＿＿
自宅電話：＿＿＿（＿＿）＿＿＿＿　ファックス：＿＿＿（＿＿）＿＿＿＿
ネコの名前：＿＿＿＿＿＿＿　品種（毛色）：＿＿＿＿＿（＿＿＿＿）
生年月日：西暦＿＿＿＿年＿＿月＿＿日（＿＿歳）　体重：＿＿＿kg
性別（○で囲んで下さい）：　雄　　去勢済雄　　雌　　避妊済雌
かかりつけの動物病院　病　院　名：＿＿＿＿＿＿＿＿＿＿＿＿＿＿＿
　　　　　　　　　　　獣医師氏名：＿＿＿＿＿＿＿＿＿＿＿＿＿＿＿
　　　　　　　　　　　住　　　所：〒＿＿＿＿＿＿＿＿＿＿＿＿＿＿
　　　　　　　　　　　電　　　話：＿＿＿（＿＿）＿＿＿＿

1 問題行動の内容と経過

問題行動 その1

1.1　相談したい行動上の主な問題（以下問題行動と呼びます）とは何ですか？　一つだけ○で囲んで下さい。
　a) 家の中での不適切な排泄　　b) 人間に対する攻撃　　c) ネコ同士のけんか　　d) 家具をひっかく
　e) 過剰に鳴く　　f) ウールなどを食べる　　g) その他（　　　　　　　　　　　　　　　　　）

1.2　主な問題行動はどのくらいの頻度で起きますか？　当てはまるところに記入して下さい。
　a) 1日に＿＿回　　b) 1週間に＿＿回　　c) 1ヵ月に＿＿回

1.3　初めてその問題行動が起こったのはいつですか？
　a) 6ヵ月齢未満　　b) 6ヵ月齢～1歳齢　　c) 1～2歳齢　　d) 2歳齢以上

1.4　いつからその問題行動を治すべきだと認識しましたか？
　a) 6ヵ月齢未満　　b) 6ヵ月齢～1歳齢　　c) 1～2歳齢　　d) 2歳齢以上

1.5　問題行動が始まってから現在に至るまでの間に，起こる頻度や程度，内容などに変化はありましたか？
　頻度：a) 多くなってきた　　b) 少なくなってきた　　c) 変わらない
　程度：a) ひどくなってきた　　b) よくなってきた　　c) 変わらない
　内容：（　　　　　　　　　　　　　　　　　　　　　　　　　　　　　　　　　）

1.6 問題行動の引き金となるものや，その問題行動が起こる状況を挙げて下さい。

1.7 実際に最近起こった問題行動を詳しく書いて下さい。
(日時，場所，攻撃行動の場合は相手，人間の存在の有無，あなた自身の反応などについて)
1. 最も最近の出来事（日時：　　　　　　　　　　　　　　　　　　　　　　　　　　　　　　　　）

2. その前の出来事（日時：　　　　　　　　　　　　　　　　　　　　　　　　　　　　　　　　　）

3. さらに前の出来事（日時：　　　　　　　　　　　　　　　　　　　　　　　　　　　　　　　　）

その他の特別な出来事（日時：　　　　　　　　　　　　　　　　　　　　　　　　　　　　　　　）

1.8 その問題行動を矯正するために
― 何をしましたか？
a) 口頭で叱った　　b) 叩いた　　c) 隔離した
d) 水をふきかけた　　e) 薬物を投与した
f) 専門家に相談した（行動学者　獣医師　訓練士　その他　←○をつけて下さい）
g) その他（　　　　　　　　　　　　　　　　　　　　　　　　　　　　　　　　　　　　　　　）

― どのくらいの期間実施しましたか？

― それは問題行動の改善に役立ちましたか？

問題行動 その2
1.9 次に相談したい問題行動について<u>当てはまるもの全て</u>を○で囲んで下さい。
a) 家の中での不適切な排泄　　b) 人間に対する攻撃
c) ネコ同士のけんか　　d) 家具をひっかく　　e) 過剰に鳴く
f) ウールなどを食べる
e) その他（　　　　　　　　　　　　　　　　　　　　　　　　　　　　　　　　　　　　　　）

1.10 初めてその問題行動が起こったのはいつですか？
a) 6ヵ月齢未満　　b) 6ヵ月齢～1歳齢　　c) 1～2歳齢　　d) 2歳齢以上

1.11 問題行動の引き金となるものや，その問題行動が起こる状況を挙げて下さい。

2 家の環境
2.1 あなたを含め家族全員の性別，年齢，あなたとの関係（夫・母・子など），
仕事や学校などで家を留守にする時間帯（平日の平均）を書いて下さい。

2.2 あなたのネコと家族の関係について書いて下さい。
（例：父親に一番なついている，子供のそばに行きたがらないなど）

関係	性	年齢	留守にする時間帯
例　祖父	男	68	8:00 ～ 15:00

2.3 飼っている動物全ての名前，種類（品種），性別，不妊手術の有無，
　　飼い始めた年齢，現在の年齢，飼い始めた順序を教えて下さい。

名前	種類（品種）	性別	不妊手術	飼い始めた年齢	現在の年齢	順序
当該動物	ネコ（　　　　）					

2.4 問題となっているネコと他の動物との関係を教えて下さい。
　　a) 仲良し　　　b) 喧嘩が絶えない　　　c) 無関心　　　d) 喧嘩をしかける　　　e) 逃げ隠れする

ペットの名前		そのネコとの関係
例：ハナコ	a	一緒に遊び，一緒に寝ることもある。ハナコを追いかけるのが好き。
1.		
2.		
3.		
4.		

2.5　あなたの住んでいる場所は？　　　　　　　　　　　　　　　　　　　　　　a) 都会　　b) 郊外　　c) 田舎
2.6　あなたの家は？　　　　　　　　a) 一軒家（庭：あり　　なし）　　b) 集合住宅（アパート，マンションなど）

2.7　あなたの家の部屋の数は？　　　　　　　　　　　　　　　　　　　　　　　　　　　　　　　　　　　　　

3 ネコの経歴

3.1　ネコを手に入れた理由は？
　　a) 愛玩用　　b) その他（　　　　　　　　　　　　　　　　　　　　　　　　　　　　　　　　　　　　）

3.2　この品種を選んだ理由は？

3.3　これまでにネコを飼育した経験はありますか？　　　　　　　　　　　　　　　　　　　　はい　　いいえ
　　はいと答えた方，頭数・品種・飼育場所（室内／屋外）について教えて下さい。

3.4　どこでネコを手に入れましたか？
　　a) ペットショップ　　　b) ブリーダー　　　c) 友人から　　　d) 保健所
　　e) 迷いネコ　　　f) 野良ネコ　　　g) その他（　　　　　　　　　　　　　　　　　　　　　　　　　　）

3.5　親猫，同腹猫，兄弟・姉妹猫に会ったことはありますか？　　　　　　　　　　　　　　はい　　いいえ
　　　はいと答えた方，どのような性格でしたか？　また，何らかの問題行動を持っているという情報はありますか？

3.6　以前に他の人に飼われていましたか？　　　　　　　　　　a) いない　　　b) 1人　　　c) 2人以上

3.7　去勢もしくは避妊手術を受けましたか？　　　　　　　　　　　　　　　　　　　　　はい　　いいえ
　　　はいと答えた方，それは…　　　　　　　　　　　　　　　　　　　　　　　　　　_____歳_____ヵ月

3.8　手術後，あなたのネコの行動に変化はありましたか？

4 食事と摂食行動

4.1　どんな食事をあげていますか？
　　　a) ドライフードのみ　　b) 缶詰のみ　　c) 半生タイプ　　d) ドライフードと缶詰　　e) 人間の食物（米, 肉, 魚等）
　　　f) その他（　　　）

4.2　どのくらいの頻度で食事を与えますか？
　　　a) 1日1回　　b) 1日2回　　c) 1日3回　　d) 常に置いている
　　　e) その他（　　　）

4.3　誰が食事をあげますか？

4.4　どこであげますか？

4.5　あなたのネコの大好きなおやつは何ですか？
　　　どの位の量を与えていますか？

4.6　そのおやつはどのようなときにあげますか？

4.7　あなたのネコは1日にどれくらい水を飲みますか？

4.8　どこで水を飲みますか？
　　　a) 水皿　　b) 水道の蛇口　　c) 人間のトイレ
　　　d) その他（　　　）

4.9　サプリメントは与えていますか？　　　　　　　　　　　　　　　　　　　　　　　　はい　　いいえ
　　　はいと答えた方，それはどのような種類ですか？

5 生活習慣

5.1　あなたのネコは家の外に出ますか？　　　　　　　　　　　　　　　　　　　　　　　はい　　いいえ
　　　はいと答えた方，家と外の滞在割合を教えて下さい
　　　　　　　　　　　　　　　　　　　　　　　　　　　　　　　　　　家_____%　　　外_____%
　　　どれくらいの頻度で外に出ますか？　　　　　　　　　　　　　　　　　週に_____回　　まれ

5.2　あなたのネコは「狩り」をしますか？　　　　　　　　　　　　　　　　　　　　　　はい　　いいえ

5.3 あなたのネコの典型的な一日の生活パターンを詳しく書いて下さい。
　　（起床〜就寝について，留守番や遊びなどの情報も含めて，時刻とともに書いて下さい）

5.4 あなたのネコは夜どこで寝ますか？
　　a) 屋外　　　b) 家の中の自由な場所　　　c) 専用のベッド　　　d) あなたのベッド

5.5 一日のうち留守番する時間はありますか？　　　　　　　　　　　　　　　　　＿＿＿＿＿＿時間

5.6 あなたのネコが家で留守番をする場合はどこにいますか？　　　　　　　　　　＿＿＿＿＿＿

5.7 一日にどのくらい遊びますか？　　　　　　　　　　　　　　　　　　　　　　＿＿＿＿＿＿分

5.8 ネコとどのように遊びますか？
　　a) 撫でるだけ　　　b) 手を使って遊ぶ　　　c) おもちゃを使って遊ぶ
　　d) その他（　　　　　　　　　　　　　　　　　　　　　　　　　　　　　　　　　　　）

5.9 おもちゃの種類は？
　　a) ボール　　　b) ぬいぐるみ　　　c) 吊り下げるおもちゃ

5.10 あなたのネコには何か教えていますか？（例；「おいで」，「おて」）　　　　　＿＿＿＿＿＿

5.11 あなたのネコは爪とぎをしますか？
　　a) あちらこちらで　　　b) 決められた場所で　　　c) あまりしない

6 排泄行動

6.1 あなたのネコは専用のトイレを利用しますか？　　　　　　　　　　　　　　　はい　　いいえ

6.2 あなたのネコは平均で一日に何回くらいこのトイレを使用していますか？　　尿＿＿回　糞便＿＿回

6.3 あなたのネコはネコ用トイレ以外（家の中）で排泄したことがありますか？　　はい　　いいえ
　　　はいと答えた方，それは・・・　　　　　　　　　　　　a) 尿　b) 糞便　c) 両方
　　　その頻度は・・・　　　　　　　　a) 1日に＿＿回　b) 1週間に＿＿回　c) 1ヵ月に＿＿回

6.4 あなたのネコは尿スプレーをしますか？　　　　　　　　　　　　　　　　　　はい　　いいえ

6.5 ネコ用トイレをいくつ置いていますか？　　　　　　　　　　　　　　　　　　＿＿＿＿＿＿個

6.6 どこにネコ用トイレを置いていますか？　　　　　　　　　　　　　　　　　　＿＿＿＿＿＿
6.7 ネコ用トイレはどのようなものですか？○をつけて数を書いて下さい。
　　a) 一般的に売られているプラスチック製の四角いトイレ　　　　　　　　　　　＿＿＿＿＿＿個
　　b) 取り外し可能なへりがついているトイレ　　　　　　　　　　　　　　　　　＿＿＿＿＿＿個
　　c) 入り口のある洞穴のような蓋付のトイレ　　　　　　　　　　　　　　　　　＿＿＿＿＿＿個
　　d) 洗いおけ　　　　　　　　　　　　　　　　　　　　　　　　　　　　　　　＿＿＿＿＿＿個
　　e) ボール紙（厚紙）製の箱　　　　　　　　　　　　　　　　　　　　　　　　＿＿＿＿＿＿個
　　f) その他（　　　　　　　　　　　　）　　　　　　　　　　　　　　　　　　＿＿＿＿＿＿個

6.8　ネコ砂はどのようなものですか？
　　a）普通の砂　　　b）香り付の砂　　　c）水分がしみこむと固まる砂　　　d）水分がしみこむと固まる砂（香り付）
　　e）シリカゲル　　　f）ウッドチップ　　　g）トイレに流せる紙性のもの
　　h）その他（　　）

6.9　どのくらいの頻度で糞便をすくいとりますか？　　　　　　　　　　　　　　　　　　　　　　＿＿＿＿＿＿＿

6.10　どのくらいの頻度でネコ砂を全部取り替えますか？　　　　　　　　　　　　　　　　　　　　＿＿＿＿＿＿＿

6.11　あなたのネコは排尿後砂をかけますか？　　　　　　　　　　　　　　　　　　　　　　　はい　　いいえ

6.12　あなたのネコは排便後砂をかけますか？　　　　　　　　　　　　　　　　　　　　　　　はい　　いいえ

6.13　最近，尿検査を受けたことはありますか？時期および結果を書いて下さい。

6.14　今までに尿路の疾患（膀胱炎，尿石症など）にかかったことはありますか？　　　　　　　　はい　　いいえ
　　　はいと答えた方，時期および治療期間を教えて下さい。

7 社会的行動

7.1　一般的にあなたのネコの活発さ（活動性）はどのくらいですか？
　　a）低い　　　b）普通　　　c）高い　　　d）過剰

7.2　あなたのネコは庭や窓から見える外のネコにどのような反応をしますか？
　　a）無関心　　　b）シャーという　　　c）ギャーギャーと鳴く　　　d）攻撃をしかける

7.3　あなたのネコは庭や窓から見える外の鳥にどのような反応をしますか？
　　a）無関心　　　b）シャーという　　　c）ギャーギャーと鳴く　　　d）攻撃をしかける

7.4　あなたのネコは動物病院ではどのように振舞いますか？

7.5　あなたのネコは大きな音，大きな声に対してどのような反応をしますか？

7.6　あなたのネコがミャーミャー鳴くのはどのようなときですか？
　　a）食事をもらう時　　　b）注目されたい時　　　c）その他

7.7　あなたのネコが喉をゴロゴロ鳴らすのはどのようなときですか？　　　　　　　　　　　　　＿＿＿＿＿＿＿

7.8　あなたのネコがうなったりシャーというのはどのようなときですか？　　　　　　　　　　　＿＿＿＿＿＿＿

7.9 ネコがいたずらなどをしたとき，あなたはどのように叱っていますか？

7.10 あなたのネコは家族が帰宅するとどのような反応をしますか？
a) 顔や身体をこすりつけてくる　　b) 姿を見せる　　c) 鳴く　　d) 隠れたまま

7.11 あなたのネコは来訪者に対してどのような反応をしますか？
a) 膝にとびのる　　b) 頭や頬をこすりつける　　c) 同じ部屋にいるが近寄らない　　d) 隠れる
e) その他（　　　　　　　　　　　　　　　　　　　　　　　　　　　　　）

7.12 あなたのネコの性格は？<u>当てはまるもの全て</u>を〇で囲んで下さい。
a) 臆病　　b) 遊び好き　　c) 恥ずかしがりや　　d) 神経質　　e) ずうずうしい　　f) 人懐こい
g) 孤独を好む　　h) 大胆　　i) 甘えん坊　　j) おとなしい

8 病歴

8.1 現在この問題や他の病気で治療を受けていますか？　　　　　　　　　　　　　　　　　　　はい　いいえ
　　投薬を受けている場合は，薬の名前を書いて下さい。
　　_____

8.2 過去に治療を受けたことがありますか？　　　　　　　　　　　　　　　　　　　　　　　　はい　いいえ
　　はいと答えた方，どのような治療ですか？

9 治療について

9.1 あなたは，ネコの行動治療を受けるにあたって，どの程度の覚悟をしてますか？次の5つの中から選んで下さい。
1．問題行動はそれ程深刻ではありませんが，興味があるため来院しました。
2．問題行動はそれ程深刻ではありませんが，できればやめさせたいと思っています。
3．問題行動が深刻なので是非やめさせたいが，もしやめさせられなくても構いません。
4．問題行動はかなり深刻なので是非やめさせたいが，もしやめさせられなくても飼い続けます。
5．問題行動はかなり深刻なので是非やめさせたい。もしやめさせられない場合は，このネコを飼うことを諦めるか，
　安楽死を望みます。

9.2 あなたはこの問題行動を治療するために，一日平均どのくらいの時間を割くことができますか？
　　　　　　　　　　　　　　　　　　　　　　　　　　　　　　　　　　　　1日約_____時間

9.3 あなたは薬を併用する事を望みますか？　　　　　　　　　　　　　　　　　　　　　　　　はい　いいえ

10 攻撃行動

10については，攻撃行動が問題になっている方のみ，お答え下さい。

10.1　攻撃行動の対象は？当てはまるもの全てを〇で囲んで下さい。
　　a）飼い主　　　　　b）飼い主以外の家族　　　c）家族以外の人間　　　d）他のネコ　　　e）他の動物

10.2　あなたはネコが攻撃的になりそうな時を予期できますか？　　　　　　　　　　　　　　　　　　　　　はい　　いいえ
10.3　あなたのネコの攻撃行動の特徴について教えて下さい。
　1）唐突に攻撃行動が起こるのでびっくりする　　　　　　　　　　　　　　　　　　　　　　　　　　　はい　　いいえ
　2）挑発されることもないのに攻撃行動が起こる　　　　　　　　　　　　　　　　　　　　　　　　　はい　　いいえ
　3）攻撃行動が起こった後に突然従順になる　　　　　　　　　　　　　　　　　　　　　　　　　　　はい　　いいえ
　4）攻撃行動をとった後にすまなそうにしている　　　　　　　　　　　　　　　　　　　　　　　　　はい　　いいえ
　5）攻撃行動をとった後に混乱しているようである　　　　　　　　　　　　　　　　　　　　　　　　はい　　いいえ
　6）攻撃行動は"どんよりした"もしくは"ぼんやりとした"表情を伴って起こる　　　　　　　　　　　　はい　　いいえ
　7）何が攻撃行動を引き起こすか常にわかっている　　　　　　　　　　　　　　　　　　　　　　　　はい　　いいえ
　8）攻撃行動は最近始まったので特徴はよくわからない　　　　　　　　　　　　　　　　　　　　　　はい　　いいえ

10.4　あなたのネコは，血が出るほど咬みついたことがありますか？　　　　　　　　　　　　　　　　　　はい　　いいえ

10.5　初めて血が出るような攻撃をしたのはいつ頃でしたか？　　　　　　　　　　　　　　　_____歳_____ヵ月齢

10.6　血が出るほど咬みついたのは何回ですか？　　　　　　　　　　　　　　　　　　　　　　_____回

10.7　血が出なくても咬みついたことがある場合，それは全部で何回ありましたか？　　　　　　_____回

10.8　攻撃行動（うなる，ひっかく，咬むなど）は全部で何回ありましたか？　　　　　　　　　_____回

10.9　あなたのネコはどの場所を咬みましたか？
　　a）太もも　　　　　b）腕（二の腕）　　　c）顔　　　d）お尻や背中　　　e）手　　　f）足首
　　e）その他（　　）

10.10　典型的な攻撃行動について書いて下さい。
　　　（どのような状況で，どのような行動（うなる，ひっかく，咬むのかなど）をとるのかについて書いて下さい）

10.11　もしあなたのネコが前述の状況下に10回おかれたならば，攻撃行動は何回ぐらい起こるでしょうか？
　　　_____回

10.12　あなたのネコが初めて人間に対してシャーと言ったのはいくつの時ですか？　　　　　　_____歳_____ヵ月齢
　　　どのような状況でしたか？

10.13　あなたのネコが初めて人間に対して咬む真似をしたり咬みついたのはいくつの時ですか？　_____歳_____ヵ月齢
　　　どのような状況でしたか？

11 排泄の問題

11については，家の中での不適切な排泄が問題になっている方のみ，お答え下さい。
また，別紙に部屋の見取り図とトイレおよび食事と水の位置，そしてこれまで排泄された場所を記して下さい。

11.1　どんな時間帯にトイレ以外の場所での排泄を見つけますか？（午前，午後，仕事に行く前，夜中など）

11.2　トイレ以外の場所で排泄しているところを目撃したことはありますか？　　　　　　　　はい　　いいえ
　　　はいと答えた方，その時，あなたはどのように対応しましたか？

　　　その時のネコの反応は？

11.3　トイレ以外の場所で排尿している時，ネコはどのような姿勢をとっていますか？　a）立った状態　　　b）座った状態

11.4　トイレ以外の場所で排尿している時，ネコはどのような場所にしていますか？
　　　a）床の上　　　b）垂直面（壁など）　　　c）その他（　　　　　　　　　　　　　　　　　　　　）

11.5　トイレの大きさはどのくらいですか？

11.6　これまでに違うタイプの砂を使ったことはありますか？　　　　　　　　　　　　　　　はい　　いいえ
　　　はいと答えた方，どのように変えましたか？　　　　以前＿＿＿＿＿＿＿＿→　現在＿＿＿＿＿＿＿＿
　　　トイレを使う頻度に変化はありましたか？　　　　　　　　　a）増えた　　b）減った　　c）変わらない

11.7　あなたのネコが排尿排便をしているときに辛そうにしていること（泣き叫ぶ，長時間力むなど）はありますか？
　　はい　　いいえ

11.8　トイレに血が付いているのを見たことはありますか？　　　　　　　　　　　　　　　　はい　　いいえ

11.9　あなたのネコが粗相をしたところの掃除はどのように行っていますか？
　　　a）濡れたタオルで拭き取る　　　b）消臭剤を吹き付ける
　　　c）酵素入りの消臭剤を吹き付ける　　　d）その他（　　　　　　　　　　　　　　　　　　　　）

11.10　あなたのネコが初めてトイレ以外の場所で排泄をしたのはいくつの時ですか？　　＿＿＿歳＿＿＿ヵ月齢
　　　　同時期に，ネコが混乱するような出来事などがありましたか？　　　　　　　　　　はい　　いいえ
　　　　（例：引越，大きな音，仕事の時間が変わった，ペットが増えた，赤ちゃんが生まれた，食事が変化したなど）

　　　　はいと答えた方，具体的な出来事を書いて下さい。

11.11　最近，家の模様替えをしましたか？　　　　　　　　　　　　　　　　　　　　　　　はい　　いいえ

11.12　この行動を変化させようと試みたことを教えて下さい。

提供：日本獣医動物行動学会

基礎トレーニング

あなたの犬と，よりよい絆を築くために1日10分の時間を作りましょう

　このトレーニングの目標は，あなたの犬が喜んであなたの出す合図に従って落ち着いて自分の場所にじっとしていることができるようになることです。これは，多くの問題行動を治療する上で大変重要なことなので，あなたの犬と一緒に頑張ってみてください。あなたの犬が年をとっていても心配することはありません。必ず覚えることができると信じて，根気よく続けることが大切です。

このトレーニングで使うご褒美：
　このトレーニングでは，ご褒美を使いながら犬に楽しく学習してもらいます。ご褒美となるものは，あなたの犬が大好きなおやつです。ただし，ご褒美として1回に与える量は少ないので，ちぎって与えることのできるチーズやハム，乾燥したレバーなどが適切でしょう。ここでご褒美となるおやつを決めたら，今後はこの練習のときだけにこのおやつをあげるようにして，あなたの犬がこのおやつに飽きないようにしてください。

このトレーニングで使う合図：
　このトレーニングでは，「オイデ」，「オスワリ」，「フセ」，「マテ」という合図を使います。あなたの犬がまだどれもできない場合は，「オスワリ」から教えてみましょう。このトレーニングは，「オスワリ」や「フセ」の合図に緊張して従うことを目標としているわけではないので，あなたの犬が「フセ」の合図に対して「オスワリ」をしたとしても叱ってはいけません。あなたの出す合図に集中することが大切なのです。

このトレーニングを実施する時間：
　最低でも1日2回，朝晩5分ずつ練習をしましょう。実施する時刻はいつでも構いませんが，できればゴハン前のお腹が空いているときがよいでしょう。

具体的な練習方法：
　まずご褒美となるおやつを細かくちぎって15個ほど片手にもちます。片手で持ちきれない場合は大きすぎるので，たとえあなたの犬が大きいとしても，1個は親指先の半分くらいのサイズにしてください。落ち着いてくつろいでいるあなたの犬の名前を1度だけ呼びます。あなたがおやつを持っていることに気づけば，あなたの犬はとんでくるはずです。そこであなたはおやつを持った手を後ろに回して隠した上で「オスワリ」と合図を出します。
　あなたの犬が合図に従えば，「よい子だね」とほめながら直ちにご褒美を1つだけ与えます。もし，あなたの犬が「オスワリ」という合図の意味を知っているのに座らなかったり，興奮しすぎて収拾がつかなくなったら，この練習は直ちに終了します。あなたの犬がどんなにおやつを欲しがっていても，あなたは30分ほどあなたの犬を無視しなければなりません。30分ほど経って犬が落ち着いたら，改めて練習を再開してください。何回か練習すれば，あなたの犬は落ち着いて「オスワリ」をすれば，おやつをもらえることを学ぶはずです。
　練習する際は，あなたは犬のすぐ前に立たねばなりません。最初のうちはあなたの方が犬と対面するように移動してください。また，練習の際に犬を撫でたり余計な言葉をかけないようにしてください。犬がご褒美やあなたの合図に集中できなくなってしまいます。
　また，練習は必ず床の上で実施してください。ソファやベッドといったあなたの犬のお気に入りの場所での練習は適切ではありません。あなたの犬が咬んだことがある場合は，犬をサークルに入れて練習してください。ご褒美は直

接手からあげるのではなく，サークルの外から投げ入れてあげましょう。あなたは犬に命令すると思ってはいけません。命令口調できつく合図を出すと，あなたの犬は緊張してしまうでしょう。この練習の目的は，犬を落ち着かせることにあるのですから，あなたは犬に話しかけるようにゆっくりと優しい声で合図を出してあげてください。くれぐれも合図よりも先にご褒美をあげてはいけません。あなたの犬はおやつをもらわなければ，動かなくなってしまいます。

「オスワリ」ができたら次に「フセ」をさせてみましょう。うまくできたらまたご褒美をあげます。あなたの犬が「オスワリ」と「フセ」の区別がつかないのならば，最初はそれでも構いません。その場合は，場所を変えて「オスワリ」をさせてみてください。

続いて「マテ」と合図を出して1歩だけ後ろに下がってみてください。あなたの犬が落ち着いて待っていられれば戻ってまたご褒美をあげます。犬がついてきてしまったら，また「オスワリ」の合図を出します。こうして何らかの合図を出して犬がそれに従った場合は，常にご褒美をあげてください。最初のうちの練習ではここまでのことを何度か繰り返して練習を終えてください。練習の終わりには，必ずうまくできる合図を出して，犬もあなたも楽しい気分で終わらせてください。最後には「オワリ」と言いながら手を軽く叩いて犬を解放し，思う存分撫でてかわいがってあげてください。

ここまでのことが簡単にできるようになったならば，与える合図を徐々に難しくしていってください。「マテ」をさせて，あなたが隣の部屋に行っても落ち着いて5分ほど「オスワリ」をしていることができるようになれば完璧です。犬が興奮しやすい屋外（庭や公園など）でもやってみましょう（必ずリードをつけてください）。もしあなたの他に一緒に暮らしている家族がいるならば，その人たちにも参加してもらいましょう。くれぐれもあなたが焦ってはいけません。練習する際は，必ず途中に簡単な合図をおりまぜて，あなたの犬を励ましてあげてください。きっと，あなたの犬はこの練習時間を楽しみにするようになるはずです。

最初のうちは，うまくいったら必ずご褒美をあげなければなりませんが，あなたの犬が学習して簡単にできるようになってきたら，ご褒美をあげる回数を減らしていきましょう。いつご褒美をもらえるかわからない状態のほうが，学んだことを忘れないものなのです。

くれぐれも，あなたの犬がうまくできないからといって練習中に叱ってはいけません。楽しいはずの時間が，あなたの犬にとって叱られるかもしれない憂鬱な時間となってしまいます。大切なのは，あなたの犬が喜んであなたの合図に従うことなのです。この練習を通じて，あなたの犬が落ち着いてあなたの合図に従うことができるようになれば，練習の回数を減らして構いませんが，時々は練習を繰り返してみてください。あなたの犬はあなたと楽しく過ごす時間を楽しみにしているはずですから。

**この練習が実を結ぶか否かはあなたにかかっているのです。
あなたの犬と，よりよい関係を築き直すためにぜひ頑張って続けてください。**

練 習 の 例		
「オスワリ」	→ご褒美	
場所を変えて「オスワリ」	→ご褒美	
「フセ」	→ご褒美	
「オスワリ」「フセ」「マテ」5秒間	→ご褒美	
「オスワリ」「マテ」	→あなたが2歩下がり戻る	→ご褒美
「フセ」「マテ」5秒間	→ご褒美	
「フセ」「マテ」5秒間	→あなたが2歩下がり戻る	→ご褒美
「オスワリ」	→ご褒美	
「フセ」「マテ」	→あなたが犬の周りを回って戻る	→ご褒美
「オスワリ」「マテ」10秒間	→ご褒美	
「オワリ」と言いながら軽く手を叩いて犬を解放		

参考図書

- Landsberg G. ほか監修（2024）：Behavior Problems of the Dog and Cat Fourth Edition. Elsevier.
- Martin D., Shaw JK. 監修（2023）：Canine and Feline Behavior for Veterinary Technicians and Nurses Second Edition. Wiley-Blackwell.
- 日本獣医動物行動研究会 監修（2021）：一般診療にとりいれたい犬と猫の行動学，第2版．ファームプレス．
- Denenberg S. 監修（2021）：Small Animal Veterinary Psychiatry. CABI Publishing.
- Crowell-Davis SL., et al.（2019）：Veterinary Psychopharmacology second edition. Wiley-Blackwell.
- 実森正子、中島定彦（2019）：学習の心理．第2版．サイエンス社．
- 水越美奈 監修（2018）：犬と猫の問題行動の予防と対応 動物病院ができる上手な飼い主指導．緑書房．
- Horwitz DF. 監修（2018）：Blackwell's Five-Minute Veterinary Consult Clinical Companion：Canine and Feline Behavior Second Edition. Wiley-Blackwell.
（補足）下記日本語訳版の最新版
- Horwitz DF., Neilson JC.（獣医動物行動研究会訳．武内ゆかり、森裕司監訳）（2012）：小動物臨床のための5分間コンサルタント 犬と猫の問題行動 診断・治療ガイド．インターズー．
- Stahl SM.（仙波純一ほか，監訳）（2015）：ストール精神薬理学エセンシャルズ 神経科学的基礎と応用 第4版．メディカル・サイエンス・インターナショナル．
- Rodan I., Heath S.（2015）：Feline Behavioral Health and Welfare. Saunders.
- 森裕司ほか（2013）：臨床行動学－獣医学教育モデル・コア・カリキュラム準拠．インターズー．
- Mills D., Dube MB., Zulch H.（2013）：Stress and Pheromonatherapy in Small Animal Clinical Behaviour. Wilry-Blackwell.
- Yin S.（2009）：Low Stress Handling Restraint & Behavior Modification of Dogs & Cats. CattleDog Pub.

以下は Veterinary Clinics of North America: Small Animal Practice シリーズ
- Siracusa C. 監修（2023）：Canine and Feline Behavior. Elseivier.
- Scherk M.（2020）：Feline Practice：Integrating Medicine and Well-Being（Part 1）. Elseivier.
- Stelow E. 監修（2018）：Behavior as an Illness Indicator. Elseivier.
- Landsberg G.（2014）：Behavior：a A Guide for Practitioners. Elsevier.

なお，日本獣医動物行動学会のHPには多くの推薦図書が掲載されているので参考にしていただきたい（https://vbm.jp/syoseki/）。

索 引

■あ

愛撫誘発性攻撃行動　116
遊び関連性攻撃行動　110
アザピロン系薬　53

■い

医学的検査　22，40
移行期　134
異嗜　22
異常な行動　27
痛み　20，21

■え

NLF法　71

■お

オペラント条件づけ　50
音恐怖症　53

■か

過剰発声（吠え）　60，91
過食　103
感受期　132
関心を求める行動　95

■き

基礎トレーニング　30
拮抗条件づけ　49，50
忌避剤　94
$GABA_A$受容体部分作動薬　54
GABA誘導体　54
強化　95
強化子　96
強化スケジュール　63
恐怖症　89，90
恐怖性／防御性攻撃行動　106，107，**108**，110，
恐怖性攻撃行動　27，28，54
去勢手術　59
恐怖／不安に関連する問題行動　22，23，86

■け

系統的脱感作　26，28，30，**49**，61，71，74，75，76，78，82，87，88，90，92，98，100，109，113，116，119
外科的療法　59，109，**115**，126

■こ

攻撃行動　21，**23**，38，59，60，65，**70**〜85，**106**〜119
洪水法　48，61，94
行動修正法　24，26，28，30，41，48，49，51，**52**，59〜**62**，72，74，76，78，82，84，87，88，90〜92，100，101，124
行動置換法　**50**，51，72，74，78，84，92，96，98
行動分化強化　**50**，51，62
高齢性認知機能不全　22，24，31，54，58，93，**99**，100，121
古典的条件づけ　45，49，61〜63，66，67，87，88，120，137
子ネコ教室　66，132
コンサルテーション　20，25

■さ

サプリメント　29，30，58，74，76，88，90，100，109，113，119，122，124，資4，資13
三環系抗うつ薬　30，**53**，56

■し

刺激制御　26，48，52，71，72，74，76，78，80，82，84，87，88，90，92，94，96，98，100，107，108，109，111〜113，116，117，119，124
刺激般化　61，89
自己主張性攻撃行動　**21**，**23**，26，70，71，73，75，77，83，85，**106**，108，110，112，114，116，117，118
舐性皮膚炎　22，24，30，86，97，98，133
質問票　34〜37，75，77
弱化　**50**，51，62，63
馴化　22，27，48，49，**61**，66，83，86，89，91，94，109，113，119，**132**，136
消去　63，64，88，96，136
消去バースト　63，64，96
常同障害　20，**22**，24，30，40，53，54，55，57，95，**97**，98
所有性／資源防護性攻撃行動　**21**，70，75，**77**

■す

スプレー　9，96，23，29，53，54，58，59，92，122，123，124，128，131，資14

■せ

生得的気質　**70**, **73**, **106**, **108**, **110**, 114
生得的行動　10, 20, 93
正の強化　21, 23, 62〜64, 66, 70, 71, 78, 100, 104, 106, 137
セロトニン　26
セロトニン$_{2A}$受容体拮抗・
再取り込み阻害薬　28, **53**, 56, 87, 90
選択的セロトニン再取り込み阻害薬　26, 30, **53**, 56

■た

体罰　28, 30, 51, **65**, **71**, **76**, **78**, **80**, **82**, **84**, **92**, 96, 107

■ち

直接罰　51, 65

■て

転嫁性攻撃行動　**21**, **23**, 28, 81, 106, 108, 110, 112〜115, 118

■と

同種間攻撃行動　**21**, **23**, 53, **79**, 114, **118**, 124
動物福祉　9, 10, 14, 17, 20, 27, 60, 63, 65, 132
特発性攻撃行動　**22**, **23**, 39, 70, **85**, 114, 116
疼痛性攻撃行動　**21**, **23**, 70, 85, 99, 116

■な

縄張り性攻撃行動　**21**, **23**, 70, **75**, **76**, 77, 81, 83, 106, 108, 112, 114, 118, 130, 131

■は

橋わたし刺激　82, 96
バスケットマズル　67, **72**, 74, 78, 81, 82, **84**, **85**, 101
罰　28, 30, 50, 51, 62, **63**, **65**, 71, 74, 76, 78, 80, 81, 82, 84, **87**, 89, 92, 93, 96, 108, 115, 119, 121, 124
発達　10, 12, 26, 43, 99, **134**, 135, 136
反応形成　64
バックグラウンドストレス　**42**, 45, **98**, 127

■ふ

フェロモン製剤　29, 30, 58, 67, 74, 76, 88, 90, 100, 109, 113, 119, 122, 124
フォローアップ　27, 34, **41**, 48
不適切な場所でのひっかき行動　24, 60, **125**
不適切な場所での排泄　**22**, **23**, 27, 31, 40, 87, **93**, 94, **120**, 123, 130, 131, 133
不妊手術　**59**, 60, **124**, 資3, 資12
負の強化　21, 23, 50, 62, **63**, 70, 71, 74, 75, 77, 106, 108, 116
分離不安　2, 17, 20, **22**, **24**, 38, 53, 54, 57, **86**, 87, 91, 99, 103, 133

■へ

ヘッドホルター　81, 82, 92
ベンゾジアゼピン系薬　28, **53**, 56, 57, 87, 90

■ほ

包括適応度　11, 12
捕食性行動　**21**, **23**, 70, 81, **83**〜**85**, 108, 110, 114, 116
ボディランゲージ　21, 26, 37〜39, 73, 80, 100, 106, 107, 131, 135, 139
ホルモン　40, 43, 59, 118, 137
本能行動　10, 83

■ま

マーキング行動　9, **22**, **23**, 121, 122, **123**, 124

■も

モノアミン酸化酵素β阻害薬　54, 56, 100

■や

薬物治療　36, 124
薬物療法　26〜29, 30, 43, **52**, 58, 67, 74, 76, 85, 87, 88, **90**, **98**, **100**, 109, **113**, **119**, **122**, 124

■よ

幼形成熟（ネオテニー）　12

著者一覧

武内ゆかり
Yukari Takeuchi, D.V.M., Ph.D.

東京大学動物医療センター　センター長
同センター行動診療科,獣医動物行動学研究室

1989年に東京農工大学獣医学専攻修士課程を修了後、国立精神・神経センターの研究員を経て1991年に東京大学獣医動物行動学研究室の助手として着任。
1997年より助教授、2007年より准教授、2017年〜教授。
アメリカにて臨床行動学を学んだ後、2001年より同大学動物医療センターにて行動診療科を主宰している。
2015〜2022年日本獣医動物行動研究会会長、2023年〜副会長（現 日本獣医動物行動学会）を務める。

久世（荒田）明香
Sayaka Kuze-Arata, D.V.M., Ph.D

麻布大学 獣医学部 獣医保健看護学科
獣医臨床看護学研究室

2005年東京大学農学部獣医学専修卒業後、同大学大学院博士課程に進学、獣医動物行動学研究室に所属し、2008年特任助教に着任。2010年博士号（獣医学）、2013年獣医行動診療科認定医取得。2014年より東京大学附属動物医療センターおよびACプラザ苅谷動物病院勤務。
2018年4月より麻布大学の講師に着任。2024年4月より現職の獣医臨床看護学研究室の講師となる。

藤井仁美
Hitomi Fujii, D.V.M., DipCABC DipVBM

Ve.C.（ベックジャパン）動物病院グループ
行動診療科

1990年東京農工大学卒業。イギリス・ロンドンなど海外で12年間生活。在英中にドッグスクールや専門学校で研修後、英国サウサンプトン大学院に進学し伴侶動物行動カウンセラーのディプロマを取得。その後帰国し、Ve.C.（ベックジャパン）動物病院グループ所属の動物病院に勤務。2013年に日本獣医動物行動研究会（現学会）で獣医行動診療科認定医の資格を取得。現在、Ve.C.（ベックジャパン）動物病院グループ　自由が丘動物医療センターの行動診療科にて診察。日本獣医動物行動学会副会長をつとめる。

森　裕司
Yuji Mori, D.V.M., Ph.D.

1977年3月東京大学農学部畜産獣医学科卒業。1982年3月同大学院農学系研究科博士課程修了。同年4月東京農工大学農学部助手、1987年オーストラリア・モナッシュ大学訪問研究員、1987年同助教授、1991年3月東京大学農学部助教授、1997年8月東京大学大学院農学生命科学研究科教授。日本獣医動物行動研究会2代目会長を務める。
2014年9月17日逝去。
※今回の改訂版発行にあたり、ご家族のご好意により、森　裕司先生のイラストをご提供いただいた。

獣医師のための
イヌとネコの問題行動診療入門マニュアル

2025年2月14日　第1版第1刷発行
定価　17,600円（本体16,000円＋税10％）

発 行 所　株式会社ファームプレス
発 行 人　金山宗一
編　　集　吉田由紀子
　　　　　〒169-0075　東京都新宿区高田馬場2-4-11　KSEビル2階
　　　　　注文専用TEL　0120-411-149
　　　　　TEL 03-5292-2723　FAX 03-5292-2726
　　　　　https://www.pharm-p.com/
デザイン　藤城義絵
印 刷 所　日経印刷株式会社

©株式会社ファームプレス　2025

落丁・乱丁は、送料弊社負担にてお取り替えいたします。

本書の無断複写・複製(コピー等)は、著作権法上の例外を除き、禁じられています（巻末資料を除く）。購入者以外の第三者による電子データ化および電子書籍化は、私的使用を含め一切認められておりません。